In der Nähe unseres Ferienhauses in Tisvilde wohnt ein Mann, der hat über der Eingangstür seines Hauses ein Hufeisen angebracht, das nach einem alten Volksglauben Glück bringen soll. Als ein Bekannter ihn fragte: «Aber bist du denn so abergläubisch? Glaubst du wirklich, daß das Hufeisen dir Glück bringt», antwortet er: «Natürlich nicht; aber man sagt, daß es auch dann hilft, wenn man nicht daran glaubt.»

NIELS BOHR, ERZÄHLT
VON WERNER HEISENBERG

ZU DIESEM BUCH

Noch vor einigen Jahrzehnten glaubten wir, die Wissenschaft sei imstande, das «Wie» der Dinge zu erklären. Heute stehen wir vor der Frage, ob wir überhaupt mit der Wirklichkeit in Kontakt sind und ob wir dies je sein können. Philosophen wie Geisteswissenschaftler sind zur Überzeugung gelangt, daß die Objekte unserer Welt für uns bloß die Summe ihrer Eigenschaften darstellen und daß diese Eigenschaften nur in unserem Bewußtsein existieren. Was wir wahrnehmen, ist das Resultat eines Denkprozesses, eine Art natürliche Magie, die in uns die Empfindung des gesehenen Objektes hervorzaubert und uns gleichzeitig den Glauben an dessen Realität suggeriert. In der Selbstverständlichkeit, mit der wir annehmen, die reale Welt «da draußen» stimme überein mit dem, was wir optisch «wahr»-nehmen, liegt wohl die größte Täuschung. Das Bild, das wir uns von unserer Umwelt machen, ist ein subjektives, ein rein menschliches und damit ein einseitiges. Das Bild, das eine Biene, ein Hund oder ein Vogel von der Welt hat, ist völlig anders. Jedes Lebewesen ist mit anderen Organen ausgestattet, empfängt völlig andere Eindrücke als wir, und diese Bilder werden in den verschieden beschaffenen Hirnen, die von der Natur mitgegeben wurden, in völlig anderer Weise zusammengefaßt. Jeder fühlt, hört, sieht eigentlich erst im Hirn und jeder auf seine ihm gemäße und rätselvolle Art. Merkwürdig bleibt, wie wenig wir Menschen darüber nachdenken, daß der Apparat, mit dem wir denken und empfinden, mit dem wir unser Leben aufbauen, unsere Welt-auffassung schaffen, das Instrument, mit dem wir alle unsere Entschlüsse fassen, daß dieser Denkapparat nicht nur ein ungelöstes Rätsel ist, sondern oft genug Irrtümern erliegt, Vorurteilen folgt, für Illusionen anfällig ist. Ist Illusion nur eine oberflächliche Vorstellung der Welt, eine bloße Einbildung im praktischen Leben oder eine erheiternde Selbst-täuschung anstelle eines nüchternen Tatsachenblicks? Betrachten wir kritisch den «Me-chanismus» der Täuschung, so wird uns die gewonnene Er-kenntnis unserer Schwächen nicht «enttäuschen», son-dern eher faszinie-ren, vor allem dort, wo wir feststellen müssen, daß wir uns trotz unseres Wissens um die Illusion ihr nicht entziehen können. Auch muß Illusion nicht nur als Verfälschung oder Betrug gewertet werden, sie ist gleichzeitig das Prinzip alles Schöpferischen überhaupt, der Be-weggrund, die Welt so zu verändern, wie wir sie erträumen. Darum kann ein Querschnitt durch Täuschungen und Irrtümer nicht nur unterhaltsam sein, sondern auch Anregung zu eigener Betrachtung und fruchtbarer Meditation geben.

EDI LANNERS
Illusionen

BUCHER

Inhalt

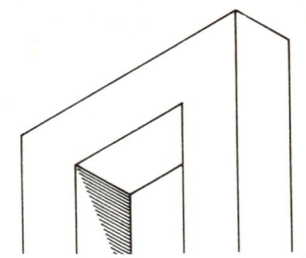

© 1973 by Verlag C. J. Bucher GmbH, München und Luzern
6. Auflage 1985
Alle Rechte vorbehalten
Gestaltung: Edi Lanners, E. Hodel, H. Opitz, H. P. Renner
Bildnachweis: Monika A. Otto; Redaktion: S. Hermann
Wechselbild durch internova, Malente
Printed in Germany by Jos. C. Huber KG, Dießen
ISBN 3 7658 0181 X

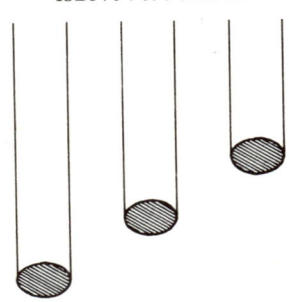

Als Thales von Milet gefragt wurde, wie weit der Abstand zwischen Wahrheit und Lüge sei, sagte er: So weit wie zwischen Aug und Ohr.

NACH STOBÄUS

Ein Spartaner rupfte eine Nachtigall und fand sehr wenig Fleisch. Da rief er aus: Du bist eine Stimme und sonst weiter nichts.

NACH PLUTARCH

Wie die Augen der Nachtvögel versagen gegenüber dem klaren Tageslicht, so auch unsere innere Erkenntniskraft gegenüber den Dingen, die von Natur aus die allerklarsten sind.

ARISTOTELES

Licht, Farbe, Hitze und ähnliches, auch so die Gestalt, Ausdehnung und Bewegung sind nur scheinbare Eigenschaften.

LEIBNIZ

Dinge sind vielleicht nur Zeichen, doch der Wert ist mehr als Schein.

FRANZ WERFEL

Die alltägliche Täuschung

von Walter Robert Corti

Ein erkannter Irrtum wird korrigiert und löst sich damit auf; eine durchschaute Täuschung dagegen bleibt bestehen und narrt uns schon im nächsten Augenblick wieder. Wir wissen seit Kopernikus, daß morgens die Sonne nicht über dem Horizont «aufsteigt», aber sie «tut» es trotzdem. Wir erleben nicht, was wir wissen, und das Wissen vermag das Erleben nur sehr schwer zu belehren. Das gilt in höchstem Ausmaß von der These, daß wir allein nur unsere Vorstellungen in unserem Innern erkennen. Tausendmal eingesehen, erliegen wir immer wieder der alltäglichen Täuschung.

Ich sitze in meinem Arbeitszimmer, sehe den Tisch vor mir, die Büchergestelle an den Wänden, auf dem Fauteuil die schlafende Katze, durch das Fenster vor dem blauen Himmel den dunklen Tannenbaum. Ich glaube durchaus, daß ich alle diese Dinge vor mir *außen* im Raume wahrnehme. Das ist die Täuschung. Der äußere Raum soll in seiner Existenz gar nicht bestritten werden, aber ihn sehe ich nicht. Unsere Augen bilden zwei kleine Kugeln, größeren Glasmarmeln unserer Kinder vergleichbar, ihr Durchmesser beträgt etwa 23 Millimeter. Sie sind vorne offen, die Öffnung kann durch die Iris wie bei einem Photoapparat vergrößert oder verkleinert werden. Auf der kugelig gekrümmten Innenwand bildet sich der Netzhaut die Außenwelt ab. Mit den Augen, heißt es, schauen wir in die Welt. Das Gegenteil ist der Fall, durch die Pupille «schaut» die Welt in uns herein, wenn dieses anthropomorphe Gleichnis einmal gelten darf. Baum, Tisch und Katze dringen mittels der «Licht»wellen, die von ihnen ausgehen, in mein Auge, nicht mein Auge dringt in den Raum, in dem sie sich befinden. Das Auge *empfängt* lediglich, was sich ihm eindrückt, es ist keine Laterna magica, die etwas herausprojiziert, es entläßt keine Taststrahlen in den Raum, um das Fell der Katze dort wahrzunehmen, wo es sich befindet. Die Welt zeichnet sich ganz «von selbst» auf meiner Netzhaut ab. Diese ist mit etwa 100 Millionen Sehzellen besetzt; jede einzelne davon nimmt einen «Licht»punkt auf, schluckt also

ein Detail der Außenwelt, wird durch diesen Reiz erregt und leitet die Erregung in Gestalt eines Aktionsstromes in die dunkle Tiefe des Gehirns zu den Hinterhauptlappen. Der Sehnerv bündelt etwa eine Million solcher Leitbahnen.

Vielleicht hat nichts das Begreifen dieser Mysterien so sehr erschwert, wie der ja sonst verblüffend zureichende Vergleich des Auges mit einem Photoapparat. Denn dessen Kamera endet mit dem rückwärtigen Film oder der Mattscheibe, auf der wir das umgekehrte Bild sogar sehen können. Dem Film wäre die Netzhaut gleichzustellen. *Aber wir sehen nicht mit ihr allein!* Das äußere Auge bildet nur ein Glied in einem weit größeren Organgefüge, und nur dessen Ganzheit ermöglicht eine Sehwahrnehmung. Jedes Außenbild wird in Millionen Reize zerlegt, in Aktionsströme verwandelt und ins Gehirn geleitet. Nur dort sehe ich Katze und Baum. Werden die zentralen Gehirnteile zerstört, so befällt mich völlige Blindheit – trotz dem noch intakten äußeren Auge! Das ganze Gehirn enthält etwa 14 Milliarden Zellen, am Aufbau meines Zimmerbildes mögen etwa 2 bis 3 Milliarden beteiligt sein.

Es ist schon erstaunlich genug, daß wir den Grand Canyon auf eine Postkarte zu zaubern vermögen. Eine Photographie der Sonne zeigt ein Gebilde, in dem 1,3 Millionen Erdkugeln Platz haben. So verhält es sich auch mit unseren kleinen Augen – was sie von der weiten Welt abbilden, hat in ihnen auf einer winzigen Kalotte Platz. Dieses Bild gleicht aber im Codestrom des Sehnervs in keiner Weise mehr dem, was wir auf der Mattscheibe des Photoapparates sehen; so wenig wie die elektromagnetischen Wellen, die im Raume zu unserem Fernsehapparat fluten, noch der Stimme der Aida oder dem kummervollen Gesicht des Königs Lear gleichen. Erst die Empfängereinrichtungen der Röhren und des Gehirns verwandeln daraus wieder das «ursprüngliche» Bild. Im einen Falle steht dieses auf dem Bildschirm vor uns, in uns selbst baut es sich im Dunkel des Gehirns auf. Dort allein, nochmals, sehe ich Baum und Tier. Ob ich beide so sehe, wie sie «an sich» sind – das ist eine der Zauberfragen in Kants genialer «Kritik der reinen Vernunft».

Gehe ich auf die Katze zu und berühre sie mit meiner Hand, so sehe ich die Hand ebenso wenig «außen» wie alles andere auch. Und ebenso wird mir auch die Tastempfindung nur im Gehirn bewußt. Sehen ist nicht das bloße Empfangen von Reizen, sondern ihr Bewußtwerden. Findet dieses nicht allein in den Augen statt, dann sehen diese auch nicht und schauen nicht in die Welt. Die Konsequenz hat etwas Überwältigendes. Dann muß sich der ganze Sehraum, der objektive Raum der vermeintlichen Außenwelt *in meinem Innern finden,* im Erlebnisraum des Ichs. Ich befinde mich gewissermaßen in einer Dunkelkammer und sehe mir darin den Tonfilm an, dessen physikalische Elemente durch die Gehör- und Sehnerven geliefert werden. Ich kann aus diesem Gefängnis nicht heraus, kann nicht durch die Nerven zurückdringen, um in die wahre Wirklichkeit zu gelangen. Alles von draußen wird mir durch die Sinne vermittelt. Aber der Innenraum ist so überwältigend hell und differenziert gegliedert, daß es mir zu märchen-, zu gespensterhaft vorkommt, ihn *nicht* für den Außenraum zu halten. Ich schließe nur, daß die Wolken fern von mir am Himmel vorüberziehen, der Himmel, den ich allein sehe, ist mir nur in meinem Hirnbunker sichtbar. Alles, Zimmer, Tisch, Katze und Himmel, bilden, bevor ich sie sehe, erst einmal Nervenströme, elektromagnetische Botschaften, Codes, die ins Gehirn fließen: Wie die Welt «an sich» aussieht, bleibt mir gänzlich verschlossen. Ich nenne die Rose, die ich in mir sehe, rot, den Zucker in mir süß. Wie sie an sich sind, kann ich nicht wissen. Gleich dem König Midas, dem sich alles, was er berührt, in

Gold verwandelt, verwandelt sich in mir alles, was ich vom Sein durch die Sinne berühre, in Vorstellung.

Popularisierende Darstellungen des Gehirngeschehens zeigen uns gerne einen Längsschnitt durch unseren Kopf, worin dann die Sehnerven als elektrische Leitungen in eine wohlfunktionierende Telefonzentrale führen. Auf einer Zwischenzentrale wird allenfalls der ankommende «Film» von einem Techniker entwickelt und durch Rohrpost an die Sekretärin im Hinterhauptlappen weitergeschickt. Diese schaut sich das Bild an und meldet seinen Inhalt, seine Bedeutung an die höheren Hirninstanzen weiter. Solche unser Gedankenschaltwerk bevölkernden Fräuleins erklären aber leider gar nichts. Wir müßten in ihrem Gehirn ja nur nochmals ein solches Personal annehmen und so ad infinitum. Das wahrnehmende Ich sieht das von den Augen ins Gehirn fließende Material der Aktionsströme nicht nochmals mit inneren, wohl «geistigen» Augen an. Wie ihm materielle Substrate bewußt werden, das bleibt bis heute ein völlig undurchdringliches Geheimnis.

Schon immer hat der Idealismus den Traum als Beweis herangezogen, daß wir die Welt nur als Vorstellung erleben. Es ist in der Tat verwunderlich genug, was uns im Traume geschieht. Da liegen wir wintersweile im Zimmerdunkel mit geschlossenen Augen im Schlaf und träumen zum Greifen lebhaft, wie wir in heller Sommersonne am Strand des Mittelmeers stehen. Schiffe fahren vorüber und werden im

Raume kleiner, ein Helikopter rattert durch die Luft, und das alles spielt sich doch unzweifelhaft nur in uns selbst ab. Es kann uns gelingen, uns selbst träumend im Spiegel zu sehen; der Außenraum und was wir von uns erblikken, befindet sich dann aber doch unzweifelhaft nur im Innenraum der Vorstellung. Im Traume werden die Reize vom Gedächtnis geliefert, im Wachsein dagegen von der ansichseienden Außenwelt, die wir aber eben immer nur als ein Außen im eigenen Innern wahrnehmen. Das Gedächtnis als Traumreizlieferer bleibt stets ein ungewisser, fabulierender Kumpan, am Tage aber stehen wir unter dem Diktat klarer, kausaldeterminierter Außenreize. Wenn sich die Katze bewegt, erhebt, buckelt, verändern sich in aller Exaktheit die von ihr abhängigen Reize; so wird in mir die sich erhebende und buckelnde Katze als Vorstellung hervorgerufen. Und nur die vorgestellte Katze sehe ich. Würden wir morgens einmal unser Zimmer exakt so träumen, wie wir es wach kennen, so könnte das erwachende Ich lediglich bestätigen, was wir genau so schon im Traume sahen: Die Trennung von Traum und Wirklichkeit wäre wesentlich aufgehoben.

Draußen, meinen wir, sei es hell, wenn die Sonne scheint, eine Helle, die bleibt, wenn wir die Augen schließen, und die der Blinde eben wegen seiner Blindheit nicht sehen kann. Was die Sonne über die Erde flutet, sind aber allein nur elektromagnetische Wellen, von denen wir unmöglich wissen können, ob sie an sich hell sind. Licht ist mit Sicherheit nur in mir, wo die Reize der an sich seienden Wellen in Helle und Leuchten verwandelt werden. In den Sehnerven strömt kein «Licht», wohl aber der Strom, der im empfindenden Bewußtsein die Helle schafft. Diese Lichtwelt ist überwältigend reich, darum fällt es auch so schwer, uns in das so anders geartete Traumerleben des Blinden einzufühlen, das ganz nur von den übrigen Sinnesorganen geprägt wird.

Das Traumgeschehen erhellt also den *gleichen* Raum in unserem Inneren, der auch am «hellen» Tag erleuchtet ist; ich bin in mir sehend allein nur im Innenraum meines Ichs und sehe darin die Weite des Grand Canyon, die Höhe des Monte Rosa oder die Ferne der Sterne. Die Welt ist wirklich meine Erscheinung und Vorstellung. Aber ich bringe sie nicht selbst hervor, es sind die Chiffren oder symbolischen Bilder einer außer mir existierenden Welt der Dinge an sich. Unweigerlich verfielen einige Denker auf die These, daß es überhaupt keine reale an sich seiende Welt gebe, daß alle Welt *nur* Vorstellung sei, daß unser Ich, unser Subjekt *allein* die Welt schaffe, die wir so deutlich kennen. Danach würden wir aber nur vorgestellte Äpfel essen, und die Welt würde wirklich total vergehen, wenn wir vergehen. Kant hat es einen Skandal genannt, daß der Beweis der realen Außenwelt solche Mühe bereite. Er hat die Täuschung durchschaut wie keiner, nie aber die Dinge an sich, sondern lediglich ihre adäquate Erkennbarkeit bestritten.

Gottfried Keller nannte die Augen seine lieben Fensterlein und wünscht von ihnen, sie möch-

ten, solange die Wimper hält, vom goldnen Überfluß der Welt trinken. Ein Fenster sieht weder hinaus noch hinein, aber es läßt die elektromagnetischen Wellen beidseitig durch sein Glas gehen. Auch das klingt noch viel zu vermenschlicht, als liege es im Willen des Glases, dies zuzulassen. Der Durchtritt geschieht mechanisch. Auch das Auge ist ein Fenster, von elektromagnetischen Wellen einseitig durchdrungen, Erregungen auslösend, die ins Gehirn gelangen. Dort schaffen sie die räumliche Innenbühne oder zünden die Lichter in ihr an. Sehe ich die Sängerin auf der realen Bühne, so sehe ich sie allein in der abbildenden Bühne in mir selbst. Die Realbühne ist zweimal vorhanden, einmal in der Außenwelt und dann in mir, und nur die in mir sehe ich.

Indessen vermag selbst eine Bezeichnung wie «Hirndunkel» noch zu verwirren. Wir suchen in den Schwierigkeiten des Erklärens unentwegt nach Gleichnissen und verfallen dann beim leisesten Erfolg ihren Verführungen. Schalte ich abends den elektrischen Strom ein, dann leuchtet die Lampe auf, und das Zimmer wird hell. Wer nie den Lehren der Erkenntnistheorie lauschte, wird natürlicherweise annehmen, daß die Lampe das vorher dunkle Zimmer erleuchtet hat. Aber es ist nur in mir selbst hell. In mir allein wird ein Licht angezündet, wobei ich automatisch glaube, das reale Zimmer sei erhellt worden – dies gilt doch nur für das Zimmer in meiner Vorstellung! Ich selbst bin dabei nicht hell, sondern empfinde nur die innere Helle, ebensowenig ist das Gehirn erhellt, könnten wir einmal in es hineinsehen.

Ein blinder Freund liebte es, vom Rot der Rose zu plaudern, vom strahlenden Tag, den er an der Sonnenwärme zu erkennen glaubte, aber er nannte auch eine weiße Rose rot, die er in die Hand bekam. Wenn ich ihn abends besuchte, saß er im völligen Dunkel, rauchte seinen Stumpen, trank Chianti und las in Brailleschrift seinen geliebten Shakespeare. Für mich machte ich Licht, als ich das aber einmal in geschickter Täuschung unterließ, war er selbstverständlich nicht imstande, das Ausbleiben zu bemerken.

◀ *Wilhelm Busch*
Die Versuchung des heiligen Antonius von Padua.

Er erzählte gerne von seinen Lichterscheinungen; da er von Kindheit an blind war, ließ sich nur ahnen, was er damit meinte. Die Helle, die ich ihm zu beschreiben versuchte, mutete ihn wie etwas Märchenhaftes an. Es kam ihm vor wie ein exaktes, scharfes Tasten der Dinge. Kants Lehre aber «leuchtete» ihm durchaus ein, daß sich auch die Helle nur in uns ereignet. Ihm blieb sie verschlossen, weil seine Sehorgane nie erregt wurden. Und ohne diese Erregungen vermochte er sich auch kein Sehweltbild aufzubauen.

Die Welt mit all ihren beglückenden, betörenden Qualitäten ist eine solche unserer Vorstellungen, ist ein Phänomen des Bewußtseins, ein Geschehnis im vorstellenden Ich. Im Eifer seiner Entdeckungen bedachte Kant die an sich seiende Welt nicht mehr mit der gleichen Gerechtigkeit wie die Sphäre des Subjektes, die er erhöhte, wie nie ein Mensch vor ihm. Denn wie immer das Glück einer rauschenden Ballnacht sich innen erlebt, nichts käme darin zustande, wenn die Reize aus der an sich seienden Welt für die Sinnesorgane fehlten. Kant übersieht den eigentümlichen Reichtum, der gerade ihnen zukommt. Der Mensch steht in seinem Erkennen wohl in einer an sich seienden Welt. Aber er selbst gehört ja zur Welt und ihrem Ansichsein. Es ist die ansichseiende Welt, die Mensch wurde. Auch das Bewußtsein, das Ich sind Welt – sollte sich die menschwerdende Welt im Bewußtsein derart entfremden, daß sie sich in ihm wirklich in keiner Weise mehr so erkennt, wie sie ist? Das rückt alle die großen Ahnungen wieder in die Mitte, die im Bewußtsein das bewußtwerdende Sein erkennen, im kleinen Menschenich den Ort, wo das unbewußte Weltich zu sich kommt. Warum sollen die Empfindungen das Sein sich selbst entfremden? Wen diese Gedanken bis in sein Mark bewegen, dem ändern sie sein Leben. Er bewundert nun nicht allein die Größe der Natur, nicht allein die rätselhaften Magazine des Gedächtnisses, wie es Augustinus tat, sondern den ganzen naturgewachsenen Ichorganismus mit seiner Vorstellungsmagie, das vorgegebene, ältere, das seiende Ich, nicht meine persönliche, mit ihm verbundene, beschränkte Wenigkeit, sondern das mich fundierende größere Ich aus der Tiefe des sehnenden Seins. Eine Rose, richtig beschaut, adelt jedes private, kleine Ich, das so leicht mit Rosen nur tändelt.

Wörter und Bilder

Wort, Ding und Bild haben den Maler René Magritte sein ganzes Leben lang beschäftigt. Zu den untenstehenden Bildern machte er sich 1929 folgende Gedanken:

1. Kein Gegenstand ist so mit seinem Namen verbunden, daß man ihm nicht einen anderen geben könnte, der besser zu ihm paßt.

2. Es gibt Dinge, die ohne Namen auskommen.

3. Ein Gegenstand kommt mit seinem Abbild in Berührung, ein Gegenstand kommt mit seinem Namen in Berührung. Das Abbild dés Gegenstandes und sein Name treffen einander.

4. Manchmal steht der Name eines Gegenstandes für sein Abbild.

5. Manches Objekt suggeriert uns, daß hinter ihm noch andere existieren.

6. Alles deutet darauf hin, daß kaum eine Beziehung zwischen dem Gegenstand und dem besteht, was ihn repräsentiert.

7. Worte haben in einem Bild die gleiche Kraft wie Formen.

8. Eine nicht bestimmbare Form kann das genaue Abbild eines Objektes ersetzen.

9. Ein Objekt hat nie die gleiche Wirkung wie sein Name oder sein Abbild.

10. Manchmal bezeichnen Namen in einem Bild präzise Dinge und Abbildungen unbestimmbare, oder das Gegenteil ist der Fall.

11. In der Realität kann ein Wort den Platz eines Objektes einnehmen. Ein Bild kann in einem Satz ein Wort ersetzen.

12. Die sichtbaren Umrisse von Gegenständen berühren einander in der Realität so, als formten sie ein Mosaik.

Selbst der Gebildete, der fremde Sprachen beherrscht, weiß oft nicht, auf welche Wurzeln die Worte seiner Muttersprache zurückreichen.

Kluft = klipha, die Schale (hebräisch); Kartoffel = tartufolo, Trüffel (italienisch); Hängematte = hamaca, Schlafnetz (karibisch); Tee = t'sa, Teegetränk (chinesisch); Lilie = léli (ägyptisch-koptisch); Kirsche = kerásion (griechisch); Grenze = granica (slawisch); Schmetterling = smétana, Sahne(-schlecker) (slawisch); Karaffe = garráfa, schöpfen (arabisch); Maske = mashara, Possenreisser (arabisch); Rose = wródon, Dornstrauch (persisch); Tulpe = tülbend, Turban (türkisch); Kiosk = kyösk, Gartenhaus (türkisch); Zimt = Kayumanis, süßes Holz (malayisch); Armbrust = arcu-ballista, Wurfmaschine (lateinisch); Bluse = Pelusium, Stadt in Ägypten, berühmt für die Herstellung blauer Kittel.

Aus den «Frühen Gedichten»
von Rainer Maria Rilke

Ich fürchte mich so vor der Menschen Wort.
Sie sprechen alles so deutlich aus:
und dieses heißt Hund und jenes heißt Haus,
und hier ist Beginn und das Ende ist dort.

Mich bangt auch ihr Sinn, ihr Spiel mit dem
   Spott,
sie wissen alles, was wird und war;
kein Berg ist ihnen mehr wunderbar;
ihr Garten und Gut grenzt gerade an Gott.

Ich will immer warnen und wehren: Bleibt
   fern.
Die Dinge singen hör ich so gern.
Ihr rührt sie an: sie sind starr und stumm.
Ihr bringt mir alle die Dinge um.

KIRSCH
CHRIESI
CERISE
CHERRY

Selbst einfache Worte können zu vielen Auslegungen führen, belustigende Verwirrungen stiften oder unlösbare Widersprüche bringen. Jedes Wort ruft in uns eine persönlich abgestimmte Vorstellung aus dem Zusammenhang unseres Bildgedächtnisses wach. Der Zufall der Assoziation, das Gewicht des Vorurteils, die Beweglichkeit der Phantasie, eine Vielzahl von Hirnvorgängen bestimmen, ob wir uns verstehen oder aneinander vorbeireden. Wie schwer wird die Verständigung erst bei den begriffs- und wertkomplexen Worten: Freiheit und Recht, Geist und Seele, Gut und Böse...!

Hier übernehmen die Vorurteile ihr oft fatales Schiedsgericht und schaffen die babylonische Sprachenverwirrung, scheiden die Geister und bringen den Streit: «Wir leben leider in einer Zeit, in der die Atome leichter zu sprengen sind, als unsere Vorurteile.»

ALBERT EINSTEIN

Ein redlich' Wort macht Eindruck, schlicht gesagt.

SHAKESPEARE, RICHARD III., IV, 4

Besonders seit dem Humanismus gehörten Zitate aus den Werken der Klassiker und der Bibel zum Wissensbesitz gebildeter Kreise, und man war bedacht, diesen geistigen Vorrang zu zeigen. Durch Verbreitung und den täglichen Gebrauch wurden die geflügelten Worte eine Verständigungshilfe dort, wo man selber nicht die richtige Formulierung fand.

Wenn die Dichterin Maria von Ebner-Eschenbach noch sagen konnte: «Viele Worte sind lange zu Fuß gegangen, ehe sie geflügelt geworden sind», so umschwirren uns heute Schwärme von neuen Worten, die in ihrer «multiplen Korrelation» wahrlich nicht lange zu Fuß gegangen sind, aber doch schon die Rede vieler Pseudo-Experten zu beflügeln scheinen.

Da Phrasendrescherei heute eine beliebte Umgangsform ist, sei hier versucht, ein Spiel daraus zu machen, das aber auch jenen helfen soll, deren Vorrat an schönen Floskeln nicht ausreicht, um dem täglichen Geschwätz den wirkungsvollen Glanz zu geben.

Die nebenstehende Figur bedarf keiner besonderen Anleitung. Auf die vier drehbaren Tabakdosen können die drei Wortkolonnen von Seite 13 aufgeklebt werden, zusammen mit einer Zahlenreihe links. Jede beliebige Einstellung ergibt 2916 neue Wortkombinationen. Sie können sie bedenkenlos anwenden, niemand wird wagen, zuzugeben, daß er nicht weiß, was sie bedeuten. Zur Übung soll die folgende Rede dienen, in welcher die Leerstellen durch die zusammengerüttelten Worte aus der nebenstehenden *Quasseltabelle* ausgefüllt werden, in Goetheschem Sinne: «Im Auslegen seid frisch und munter! Legt Ihr's nicht aus, so legt was unter!»

Meine hochverehrten Damen und Herren,

Ich spreche zu Ihnen namens der von der Konferenz für . . . im Januar 84 eingesetzten, vorbereitenden Kommission, welche den Fragenkomplex der . . . abzuklären hatte. Ich gestatte mir, von einer Darlegung der Ihnen allen bekannten Vorgeschichte abzusehen und sogleich in medias res vorzustoßen.

Von dem Augenblick an, da in Presse und Television die . . . postuliert wurde, ist der unüberhörbare Ruf nach einer . . . nicht mehr verstummt. Ob zu Recht oder Unrecht, bleibe dahingestellt. Tatsache jedoch ist, daß die Notwendigkeit einer . . . unbestritten ist. Tatsache ist ferner, daß sowohl die . . . wie auch die . . . an den bisherigen Zuständen wenig oder nichts zu ändern vermochten.

Die vorbereitende Kommission hat es deshalb rechtzeitig an die Hand genommen, den schon früher ins Auge gefaßten Gedanken einer . . . erneut aufzugreifen und zu analysieren. Sie gelangte dabei zur Einsicht, daß einzig und allein nur eine

. . . neue Wege aufzuzeigen imstande sei, wobei allerdings einzuräumen ist, daß eine . . . diesen Bestrebungen gewissermaßen zuwiderlaufen und die . . . begünstigen könnte. Dieser unerwünschten Begleiterscheinung kann aber mit . . . ein wirksamer Riegel gestoßen werden. Dies an die Adresse gewisser Herren aus dem Bereich der . . . !

Denken wir ferner daran, daß . . . und . . . den konstruktiven Gedanken einen erheblichen Auftrieb verleihen, so wird folgendes klar. Die . . . und die . . . sind unter den gegebenen Umständen das Gebot der Stunde.

Meine Damen und Herren! Die ständig zunehmende und alarmierende . . . erfordert weitsichtige und mutige Maßnahmen. Als mögliche Alternativen nenne ich hier die . . ., die . . . und die gewiß nicht gering einzuschätzende . . . Ob diese Maßnahmen nun richtig oder falsch sind, wird die Einführung einer . . . sowie einer reiflich überlegten . . . im Vorversuch erweisen müssen. Als unpopulär könnte sich allenfalls der Versuch mit einer . . . herausstellen, aber wir müssen den Mut aufbringen, auch unpopuläre Experimente in vorderster Front durchzustehen, ohne der Bevölkerung mit Rosinen wie beispielsweise der . . . Sand in die Augen zu streuen. Ob alsdann auch schon zur Verwirklichung der . . . und der . . . geschritten werden kann, muß die Zeit erweisen. Aber bis dahin wird noch viel Wasser ins Meer fließen. Soviel, meine Damen und Herren, ist heute schon gewiß: Die . . . und die . . . vermögen auf die Dauer den Anforderungen einer modernen Konzeption nicht zu genügen. Ob sie in Richtung . . . liegen, wagen wir heute noch nicht vorauszusagen. Die . . . und die . . . werden uns aber, dies ist unsere feste Überzeugung, auf dem heute eingeschlagenen Weg weiterbringen.

Ich gebe, sehr geehrte Damen und Herren, der Hoffnung Ausdruck, Ihre Zeit nicht über Gebühr in Anspruch genommen zu haben und danke Ihnen, im Namen der Konferenz für . . ., für Ihre Aufmerksamkeit.

Quasseltabelle

1	inhärente	Koinzidenz-	Interferenz
2	emanzipatorische	Exemplifikations-	Effizienz
3	substantielle	Präventiv-	Interdependenz
4	ambivalente	Expansions-	Projektion
5	reversible	Partizipations-	Motivation
6	permanente	Degenerations-	Eventualität
7	graduelle	Aggregats-	Diffusion
8	partielle	Universalitäts-	Mobilität
9	sozietäre	Falsifikations-	Vakanz
10	adäquate	Evolutions-	Flexibilität
11	globale	Appropriations-	Finalität
12	responsive	Prioritäts-	Phase
13	tradierte	Illusions-	Transparenz
14	dialektische	Konkordanz-	Adaptation
15	fiktive	Allokations-	Faktizität
16	umfunktionierte	Frustrations-	Extension
17	existentielle	Restriktions-	Periodizität
18	positivistische	Akzidenz-	Denudation
19	elitäre	Fluktuations-	Affinität
20	prädikative	Simulations-	Transzendenz
21	ultimative	Digital-	Spezifikation
22	temporale	Konvergenz-	Psychose
23	intransigente	Tabuisierungs-	Kompetenz
24	obsolete	Elongations-	Struktur
25	antiautoritäre	Innovations-	Disparität
26	flankierende	Homogenitäts-	Eskalation
27	multilaterale	Identifikations-	Synthese
28	bilaterale	Transfigurations-	Konsistenz
29	represäntative	Diskrepanz-	Motivation
30	quantitative	Kulminations-	Mobilität
31	konzentrierte	Diversifikations-	Annulierung
32	fruktivizierende	Alliterations-	Suffizienz
33	divergierende	Usurpations-	Äquivalenz
34	indikative	Eruptions-	Turbulenz
35	immanente	Ameliorations-	Diskontinuität
36	synchrone	Obstruktions-	Potenz
37	kontradiktorische	Dezentralisations-	Expektanz
38	differenzierte	Imitations-	Akkumulation
39	systematisierte	Kooperations-	Plastizität
40	induktive	Stagflations-	Konstellation
41	strukturelle	Progressions-	Permanenz
42	integrierte	Rezensions-	Epigenese
43	determinative	Solidarisierungs-	Programmierung
44	koinzidente	Eliminations-	Apparenz
45	fragmentarische	Differentiations-	Implikation
46	interfraktionelle	Komplementär-	Deterioration
47	deskriptive	Konvenienz-	Konstruktion
48	inkohärente	Transubstantiations-	Polarität
49	akzidentielle	Fertilisations-	Klassifikation
50	desintegrierende	Deviations-	Komponente
51	kompatible	Uniformitäts-	Extrapolation
52	distributive	Exponential-	Praktikabilität
53	amplifizierende	Zentralisations-	Kongruenz
54	inkommensurable	Kompensations-	Intoxikation

Vaterland

VATERLAND VATERLAND VATERLAND

Aus: G. Anders, Der Blick vom Turm

«Auf einem ihrer Beutezüge, auf dem sie sich mit dem Fleisch eines Südküstlers einzudecken hofften, bot sich den Nordküstlern ein entsetzliches Schauspiel. Hinter Riesenkakteen versteckt, konnten sie nämlich beobachten, wie der Südküstler, auf dessen Fleisch sie es abgesehen hatten, einen der ihrigen roh verspeiste. Jawohl, roh. ‹So etwas von Unkultur!› flüsterten sie einander zu, und: ‹In unserer Zeit!› Und: ‹Zu denken, daß wir den beinahe aufgegessen hätten!› Und einer von ihnen übergab sich.»

Die Bedeutung des Wortes ist nicht zu trennen vom Schriftbild. Durch die Gestaltung des Buchstabens kann der Sinn betont, ironisiert, negiert, dramatisiert werden. Versuchen Sie die vorgeschlagenen Schrift-Variationen in das geflügelte Wort von Cicero einzusetzen: Wo es mir gutgeht, da ist mein V........

Vater-land !

Vater land

Vaterland

faderland

VATERLAND

vaterland

Variationen um das Wort Vaterland. Übungsarbeiten der Staatlichen Hochschule für bildende Künste, Hamburg. Abb. links unten aus Atelier C. J. Bucher, Luzern.

Umwelt als subjektive Wirklichkeit

Tatsächliche Umgebung und erlebte Umwelt unterscheiden sich grundsätzlich. Wahrgenommen wird die Eiche nicht, wie sie ist. Jedes Lebewesen löst aus dem Baum den Teil heraus, den es in seine Umweltvorstellung einfügen kann.

1. Der Baum als Wert, rationale Welt des Försters.
2. Der Kobold im Stamm, magische Welt des Kindes.
3. Die Wurzelhöhle, Wohnwelt des Fuchses.
4. Das Reich der Äste, Schutzwelt der Eule.
5. Das Land der Rinde, Nährwelt der Ameise.
6. Zwischen Rinde und Holz, Kosmos des Borkenkäfers.
7. Die Tiefe des Holzes, Geburtswelt der Schlupfwespe.

Welche Vorstellung würde sich unser Hirn von der Eiche machen, würden ihm neben dem Sehbild die Sinnesmeldungen der Pfoten, Nasen, Krallen, Fühler, Tasthaare, Stachel aller Eichenbewohner zu Gebote stehen? Und wie sähe die Welt der Schlupfwespe aus, könnte sie ihren Stachel mit unserem Bewußtsein ins Holz bohren?

Der Hund

von Rainer Maria Rilke

Da oben wird das Bild von einer Welt
aus Blicken immerfort erneut und gilt.
Nur manchmal, heimlich, kommt ein Ding
und stellt
ich neben ihn, wenn er durch dieses Bild

sich drängt, ganz unten, anders, wie er ist;
nicht ausgestoßen und nicht eingereiht
und wie im Zweifel seine Wirklichkeit
weggebend an das Bild, das er vergißt,

um dennoch immer wieder sein Gesicht
hineinzuhalten, fast mit einem Flehen,
beinah begreifend, nah am Einverstehen
und doch verzichtend: denn er wäre nicht.

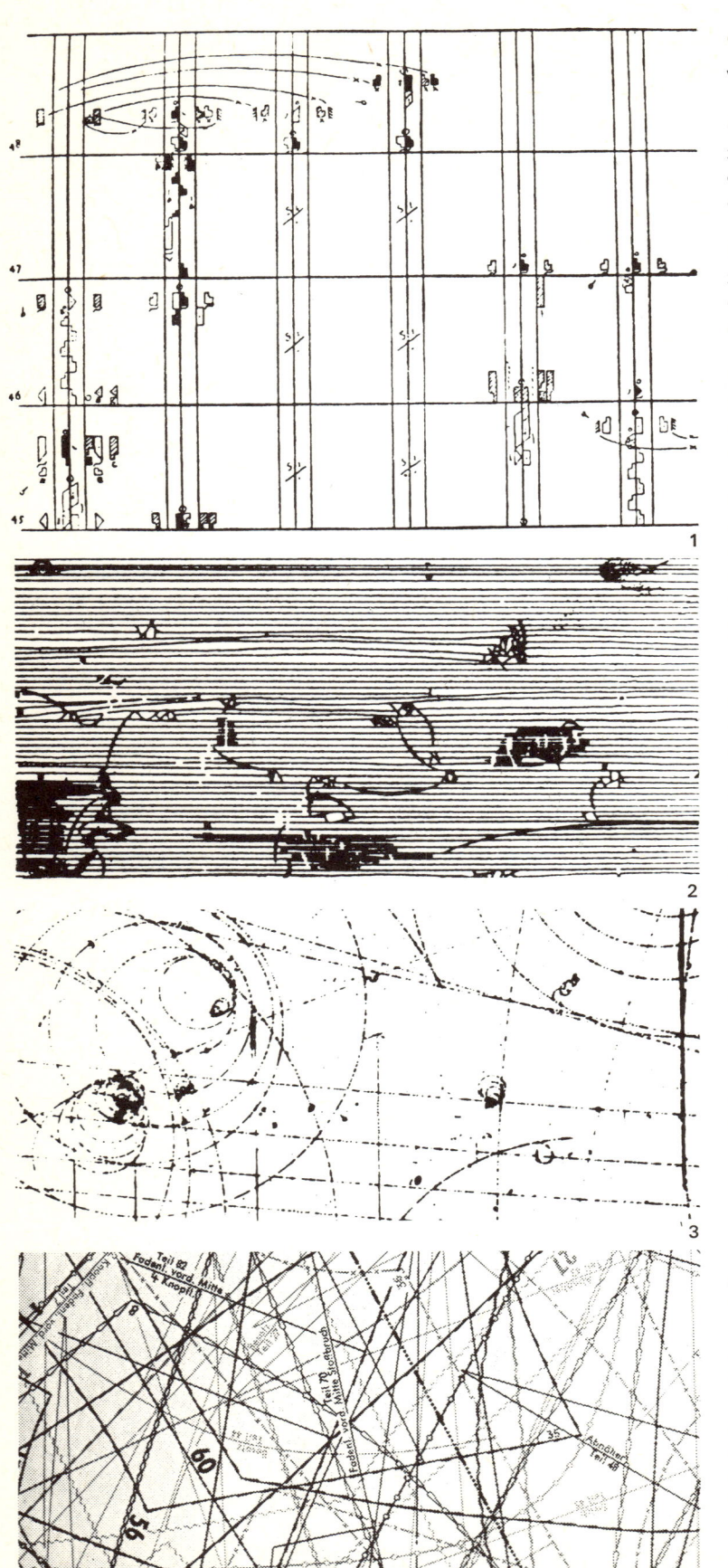

Quand un vicomte...

von Maurice Chevalier

Quand un vicomte
rencontre un autre vicomte,
qu'est-ce qu'ils se racontent?
des histoires de vicomte!

Quand une marquise
rencontre une autre marquise,
qu'est-ce qu'elles se disent?
des histoires de marquise!

Quand un cul-de-jatte
rencontre un autre cul-de-jatte,
qu'est-ce qu'ils débattent?
des histoires de cul-de-jatte!

Chacun sur terre se fout, se fout,
des petites misères de son voisin
d'en-dessous
nos petites affaires à nous, à nous,
nos petites affaires, c'est ce qu'ils
pensent avant tout.

Malgré tout ce qu'on raconte,
partout, partout
qu'est ce qui compte en fin de comp[
ce qui compte surtout c'est nous!

Quand une bigotte
rencontre une autre bigotte,
qu'est-ce qu'elles chuchottent?
des histoires de bigotte!

Quand un gendarme
rencontre un autre gendarme
qu'est-ce qui les charme?
des histoires de gendarme!

Quand une vieille tante
rencontre une autre vieille tante
qu'est-ce qu'elles exemptent?
des histoires de frou-frou.

*1 Orpheus wird von den Furien an-
gegriffen, Choreographie von George
Balanchine.*

*2 Graphische Notation eines Klavier-
stücks von Sylvano Bussotti.*

*3 Atomteile in der Blasenkammer:
In der Blasenkammer verfolgt
der Physiker die Tanzspuren der
feinsten Materienteile.*

*4 Modezeitschrift: Ausschnitt aus
Schnittmusterbogen.*

Überall ist Babylon

Und die ganze Erde hatte *eine* Sprache und einerlei Worte. / Und es geschah, als sie nach Osten zogen, da fanden sie eine Ebene im Lande Sinear und wohnten daselbst. / Und sie sprachen einer zum anderen: Wohlan, laßt uns Ziegel streichen und hart brennen! Und der Ziegel diente ihnen als Stein, und das Erdharz diente ihnen als Mörtel. / Und sie sprachen: Wohlan, bauen wir uns eine Stadt und einen Turm, dessen Spitze an den Himmel reiche, und machen wir uns einen Namen, daß wir nicht zerstreut werden über die ganze Erde! / Und Jehova fuhr hernieder, die Stadt und den Turm zu sehen, welche die Menschenkinder bauten. / Und Jehova sprach: Siehe, sie sind *ein* Volk, und haben alle *eine* Sprache, und dies haben sie angefangen zu tun; und nun wird ihnen nichts verwehrt werden, was sie zu tun ersinnen. / Wohlan, laßt uns herniederfahren und ihre Sprache daselbst verwirren, daß sie einer des andern Sprache nicht verstehen! / Und Jehova zerstreute sie von dannen über die ganze Erde; und sie hörten auf, die Stadt zu bauen.

I. BUCH MOSES, KAP. XI, VERS 1—8

Wie jedes Volk seine eigene Sprache pflegt, hat auch jedes Fach- und Sachgebiet seine eigene Ausdrucksform. Die chiffrierten Bilder, vgl. links, werden durch den Sachkundigen sofort entschlüsselt und interpretiert. Er sieht einen Bewegungsablauf, er hört Musik, er erkennt Gesetze der Materie, oder er verfolgt den Zuschnitt eines Kleides. Für den Laien bleiben diese Graphiken stumm und faszinierend wie die Zeichen einer andern Welt. Wir alle sind Eingeweihte auf wenigen, aber Laien auf den meisten Gebieten. Und so ist es die Verschiedenheit unserer Denkwelten, die uns verwehrt, «zu tun, was wir ersinnen».

Professor Konrad Lorenz erzählt uns eine vortreffliche Geschichte, in welcher der bayrische Schaffner und der englische bus-conductor über die politischen Grenzen hinweg mit der dienstvorschriftsgeprägten Sprache größte Unruhe in die gesicherte Vorstellungswelt des Fahrgastes bringen, indem sie unsere lieben Haustiere von ihrem angestammten Platz im Tierreich vertreiben:

Der Engländer instruiert die Dame, welche für ihre Schildkröte den Fahrpreis zahlen will: Hunde sind Hunde, und Katzen sind Hunde, und Eichhörnchen in Käfigen sind Vögel. Aber Schildkröten sind Insekten, und für sie verlangen wir nichts. Der bayrische Kollege zu einer Dame, die für Katze und Schildkröte nicht zahlen will: Na, eine Katze ist ein Hund, und ein Hund muß zahlen. Eine Schildkröte ist ein Insekt und fährt gratis.

17

```
jollymerry
hollyberry
jollyberry
merryholly
happyjolly
jollyjelly
jellybelly
bellyboppy
hollyheppy
jollyMolly
marryJerry
hoppyBarry
heppyJarry
boppyheppy
berryjorry
jorryjolly
moppyjelly
Mollymerry
Jerryjolly
bellyboppy
jorryhoppy
hollymoppy
Barrymerry
Jarryhappy
happyboppy
boppyjolly
jollymerry
merrymerry
merrymerry
merryChris
ammerryasa
Chrismerry
asMERRYCHR
YSANTHEMUM
```

001

```
goodk kkkkk unjam ingwe nches lass? start again goodk
lassw enche sking start again kings tart! again sorry
goodk ingwe ncesl ooked outas thef? unmix asloo kedou
tonth effff rewri tenow goodk ingwe ncesl asloo kedou
tonth effff fffff unjam feast ofsai ntste venst efanc
utsai ntrew ritef easto fstep toeso rryan dsons orry!
start again good? yesgo odkin gwenc eslas looke dout?
doubt wrong track start again goodk ingwe ncesl asloo
kedou tonth efeas tofst ephph phphp hphph unjam phphp
repea tunja mhphp scrub carol hphph repea tscru bcaro
lstop subst itute track merry chris tmasa ndgoo dnewy
earin 1699? check digit banks orryi n1966 endme ssage
```

001

```
TEYZA PRQTP ZSNSX OSRMY VCFBO VJSDA
XSEVK JCSPV HSMCV RFBOP OZQDW EAOAD
TSRVY CFEZP OZFRV PTFEP FRXAE OFVVA
HFOPK DZYJR TYPPA PVYBT OAZYJ UAOAD
VEQBT DEQJZ WSZZP WSRWK UAEYU LYSRV
HYUAX BSRWP PIFQZ QOYNA KFDDQ PCYYV
BQRSD VQTSE TQEVK FTARX VSOSQ BYFRX
TQRXQ PVEFV LYZVP HSEPV TFBQP QHYYV
VYUSD TYVVY PVSZZ PCYJP FRDFV QYEVQ
PJQBT CYFES JQSZP QTTQZ DQRQZ VQUSP
TFRWP VCEYJ TZQSR JYEXP QOYFV XCYJP
MCYPV CQSWF AUSVP QTSRM GYYSX VQUSP
```

001

Everything you can do I can do better...

Musik, Tanz, Poesie, Architektur, Graphik können wir uns von diesem modernen Golem, dem Computer, errechnen lassen. Sein literarischer Urahne wurde von Rabbi Lev Ben Bezalel in Prag aus Lehm geformt.

001

Belebt durch den geschriebenen Namen Gottes hinter seiner Stirn tötete er seinen Schöpfer, der ihn am Sabbat zur Arbeit trieb. Welche Richtworte werden wohl den Pseudohirnen der Computer unserer Zukunft eingebaut?

011

010

100

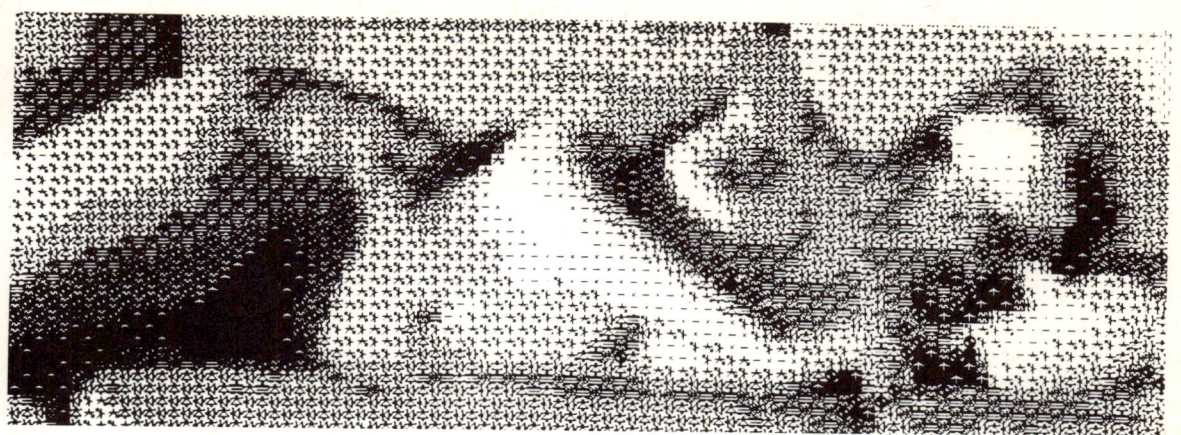

101

001 Computer-Poesie, links und Mitte: Weihnachts-
karte, rechts Code-Gedicht.

010 Kennedy + Hund + Quadrat.

011 Transformation eines Reliefs, Efraim Arazi.

100 Vorschlag von Norman Toynton: Christliche
Moral programmiert.

101 4000 Zeichen = 1 Aktbild.

110 Versuch in Pop.

110

1

Wer's glaubt, zahlt einen Thaler ...

Zwiegespräch

von F. Hardekopf

Doctor Schein und Doctor Sinn
gingen ins Café;
Schein bestellte Doppel-Gin,
Sinn bestellte Tee.

Seitlich von dem Plauderzweck
nahmen sie dabei:
Schein – verlognes Schaumgebäck;
Sinn – verlornes Ei.

Dialog ward Zaubertext,
Nekromantenspiel;
Zwieseits wurde hingehext,
was dem Geist gefiel.

Was dem Sinn Erscheinung schien,
was der Schein ersann.
Schein gab Sinn, und dieser ihn,
und die Zeit verrann.

Und die Stunde kam herein
leis' des Dämmerlichts.
Schein verging zu Lampenschein,
Sinn verging zu nichts.

2

1 Supermarket, Lebensmittelabteilung. Medina, Illinois, USA. Oder Pop-Art Gallery Paul Bianchini, New York?

2 Schamschild, Schnitzerei in Wengé-Holz, aus dem Stamm der M-gamo. Sammlung Niefeld. Oder Platte am Hinterteil einer Fallenspinne (Cyclocosmia truncata), Florida?

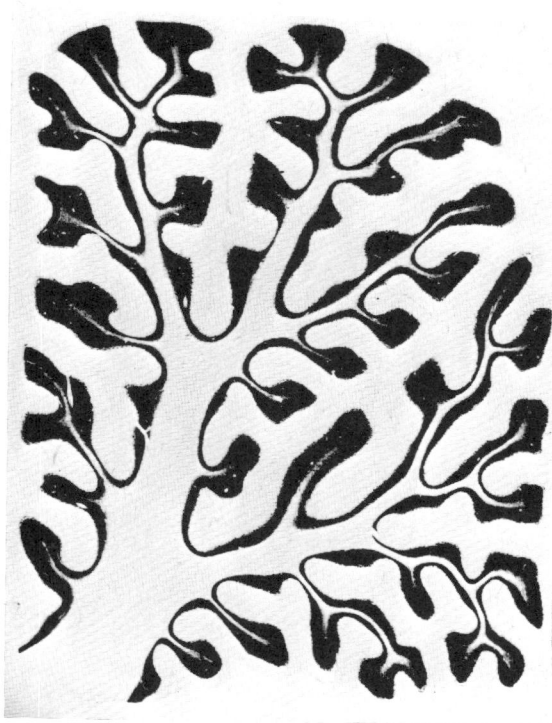

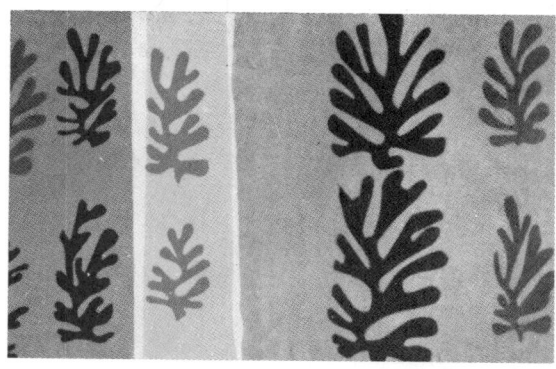

3

4

Natur und Kunst

Verwandtschaft zwischen abstrakter Kunst und Natur? Warum sollte ein Künstler nach langem Reifeprozeß nicht zu Formen und Strukturen finden, die den Gesetzen der Natur verbunden sind? Als Teil dieser Welt kann er ihr nicht ausweichen. Was die Forschung mit ihrem Mikroskop in die Welt des Verstandes hebt, das bringt der Künstler durch seine Empfindungen und Gefühle in unser nachempfindendes Verständnis. Was schon Leo-

nardo als Mittel schöpferischer Betätigung empfohlen, nämlich die träumende Betrachtung von altem Mauerwerk, von Holzmaserungen und anderen Naturgebilden, vollzieht jede Generation in Kunst und Wissenschaft auf ihre eigene Art und Weise.

3 Zellen der menschlichen Kleinhirnrinde. Mikroaufnahme von Prof. Dr. R. Schenk, Universität Basel.
4 Collage von Henri Matisse, 1947.
5 Kupferoxydation. Mikroaufnahme.
6 Gemälde von Pablo Palazuelo, 1955.

5

6

Relativität der Größe

Erst der Umgang mit den Dingen formt in uns Erinnerungsmuster: Aus den Seh- und Tasterfahrungen gewinnt das Hirn einen Entwurf der Außenwelt, ohne daß wir den Beweis dafür haben, daß die Außenwelt wirklich so beschaffen ist, wie sie in unserer Vorstellung existiert. In seinem Bild «Les valeurs personnelles», 1952, stellt René Magritte eine Reihe vertrauter Objekte dar, die sich gegenseitig durch ihre Größenverhältnisse in Frage stellen. In ähnlicher Art mag auch das Kind in einer ständig in Frage gestellten Welt leben, wo die erkannten und vertrauten Objekte eine weitaus größere Bedeutung haben gegenüber dem, was noch fremd ist, unterbewertet oder vielleicht sogar vollständig übersehen wird. Wir vergessen als Erwachsene ganz, daß unsere Kinder erst in unsere Welt der etablierten Formen und Werte durch ständiges Kennenlernen hineinwachsen müssen. Für uns bleibt die Welt immer gleich groß, für das wachsende Kind schrumpfen furchterregend große Menschen, Tiere, Dinge im Laufe der Zeit dem «normalen Maß» entgegen. Wir übersehen, daß eine Fensterbrüstung für das Zweijährige «mannshoch» ist, daß es das Sitzmöbel ersteigen muß, daß ihm der Raum unter dem Tisch ein gemütliches Zimmer sein kann und daß unsere Wohnstube ihm vorkommt wie uns eine Turnhalle.

Gleich groß wäre das Problem für uns, würden wir in eine unvertraute Welt versetzt, deren Objekte uns in Größe und Verwendungszweck nicht mehr in die Hand passen. Das wäre wie das Abenteuer von Lemuel Gulliver, dem englischen Arzt und Seefahrer, der als Schiffbrüchiger im Land der Riesen alles zehnmal so groß vorfindet wie im heimatlichen England. Aus der Perspektive des Ohnmächtigen muß er entsetzliche Abenteuer mit riesenhaften Ratten und Fliegen bestehen und wird abgestoßen durch die unmittelbare Körperlichkeit der Riesen: «Das gab mir Anlaß, über die reine Haut unserer englischen Damen nachzudenken, die uns allein deshalb so schön erscheinen, weil sie von unserer eigenen Größe sind und man ihre Mängel nur durch ein Vergrößerungsglas sehen kann; bei einem solchen Versuch erkennt man aber, daß die glatteste und weißeste Haut rauh und uneben und unschön gefärbt aussieht.»

S. 23 Kontrastraum, überdimensioniert im Maßstab 1 :2; aus einer Ausstellung in Zürich.

Ich entsinne mich, daß mir in Lilliput die Haut jener winzigen Menschen als die reinste der Welt erschien. Als ich dort mit einem befreundeten Gelehrten über dieses Thema sprach, gestand er mir, daß mein Gesicht aus einiger Entfernung viel weißer und glatter aussehe als aus der Nähe. Er könne in meiner Haut große Gruben entdecken, die Haare meines Bartes seien zehnmal stärker als die Borsten eines Ebers und mein Gesicht besitze ekelhafte Farben. Dabei kann ich ohne Prahlerei versichern, daß ich so schön wie irgendeiner meiner Landsleute bin und die Sonne mein Gesicht auf den vielen Reisen nur wenig verbrannt hat. Anderseits pflegte er, wenn er von den Hofdamen sprach, zu sagen, die eine habe Sommersprossen, die andere einen zu breiten Mund, die dritte eine zu große Nase, während ich selbst von alledem nichts unterscheiden konnte. Ich weiß, daß sich diese Betrachtung von selbst ergibt, allein ich wollte sie doch nicht übergehen, um den Leser nicht im Wahn zu lassen, diese Riesengeschöpfe seien wirklich häßlich. Ich muß ihnen Gerechtigkeit widerfahren lassen und sagen, daß es ein schöner Schlag Leute ist.
(AUS: J. SWIFT, REISE NACH BROBDINGNAG.)

Gulliver im Lande Brobdingnag und in Lilliput.

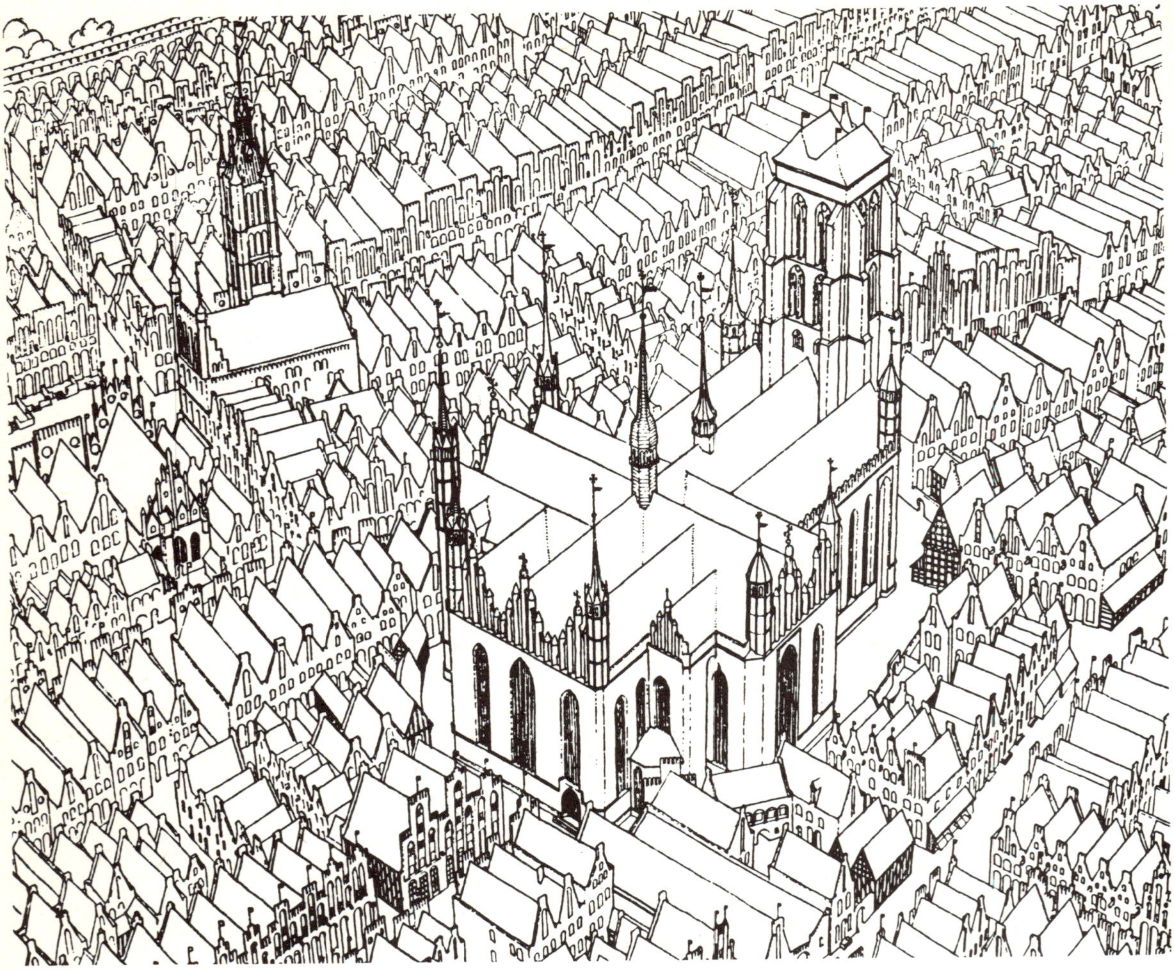

Die Wirkung des Kontrastes

Groß und klein, hell und dunkel sind Qualitäten, welche wir nur in ihrer gegenseitigen Relation beurteilen können. Wir werten aufgrund der Kontrastwirkung. Von großem Einfluß ist die Umgebung.

Der für sich stehende Kreis bleibt in seiner Größe undefiniert. Die menschliche Hand gibt ihm Form und Größe eines Balles, ein Ballonkorb und die Silhouette einer Landschaft vergrößern ihn in unserer Vorstellung zu einer Kugel von vielen Metern.

Die Nähe kleiner Vergleichsstücke wirkt vergrößernd. So verdankt die Kathedrale, hier im Bild von Danzig, ihre mächtige Wirkung der Nachbarschaft feingliedriger Wohnbauten ver-

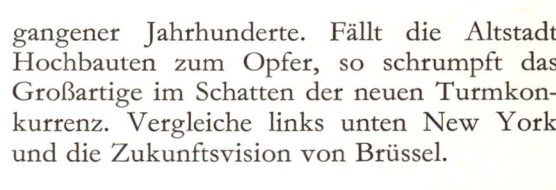

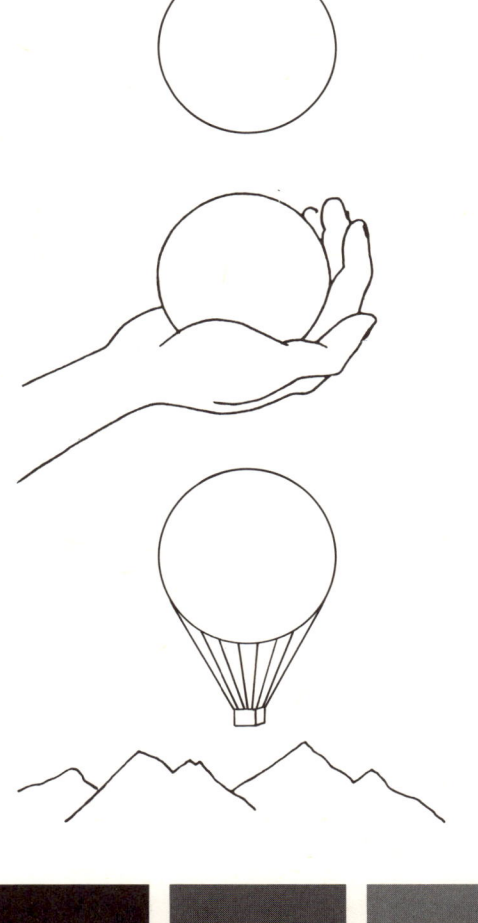

gangener Jahrhunderte. Fällt die Altstadt Hochbauten zum Opfer, so schrumpft das Großartige im Schatten der neuen Turmkonkurrenz. Vergleiche links unten New York und die Zukunftsvision von Brüssel.

Im weiten Rahmen scheinen Figuren klein, der enge Rahmen, den sie fast zu sprengen drohen, scheint sie zu vergrößern. Vergleiche die gleich großen Mittelkreise und die Buchstaben a identischer Größe.

Die grauen Flächen in den sechs Quadraten stimmen in ihrem Tonwert überein. Die von uns empfundenen wechselnden Helligkeitswerte entstehen im Kontrast zum Hintergrund. Noch schöner ist der Farbversuch: Rote Felder leuchten um so intensiver, je weniger Rot die Unterlage enthält, am stärksten also auf Grün.

Die Mondtäuschung

In welcher der vier Kopien von Palmers Darstellung «Coming from Evening Church» ist der Mond in seiner tatsächlichen Größe einretouchiert»

Im ersten Bild. Das dritte Bild zeigt die subjektive Wiedergabe des Künstlers.

Der horizontnahe Mond wird im Vergleich zu den himmelbegrenzenden Silhouetten der Häuser, Bäume und Hügel als groß empfunden und flächenmäßig bis 30mal und mehr überschätzt. Die beiden Himmelskörper Sonne, groß und weit entfernt, und Mond, klein und erdennah, für uns gleich große Scheiben, die sich jede in einen halben Bogengrad einfügen, bedecken flächenmäßig nur ein Hunderttausendstel des Himmelsgewölbes, scheinen uns klein, hoch am Himmel stehend ohne maßstäbliche Nachbarschaft, da wir sie nicht mit einem vertrauten irdischen Objekt vergleichen können.

Innerhalb unseres Gesichtswinkels oder bei einer Aufnahme ohne spezielle Optik beansprucht die Mondscheibe nur $1/25$ bis $1/35$ der Bildbreite, wie die Aufnahme des Radioteleskops von Parkes/Neusüdwales (Australien) zeigt. Und doch scheint uns die Darstellung von van Gogh natürlicher zu sein.

Wir vermögen mit drei Streichhölzern bei ausgestrecktem Arm den Mond vollständig abzudecken.

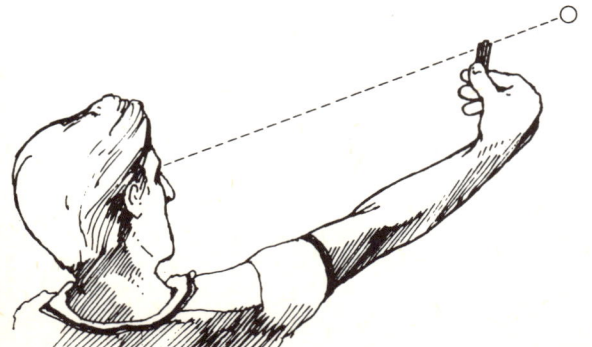

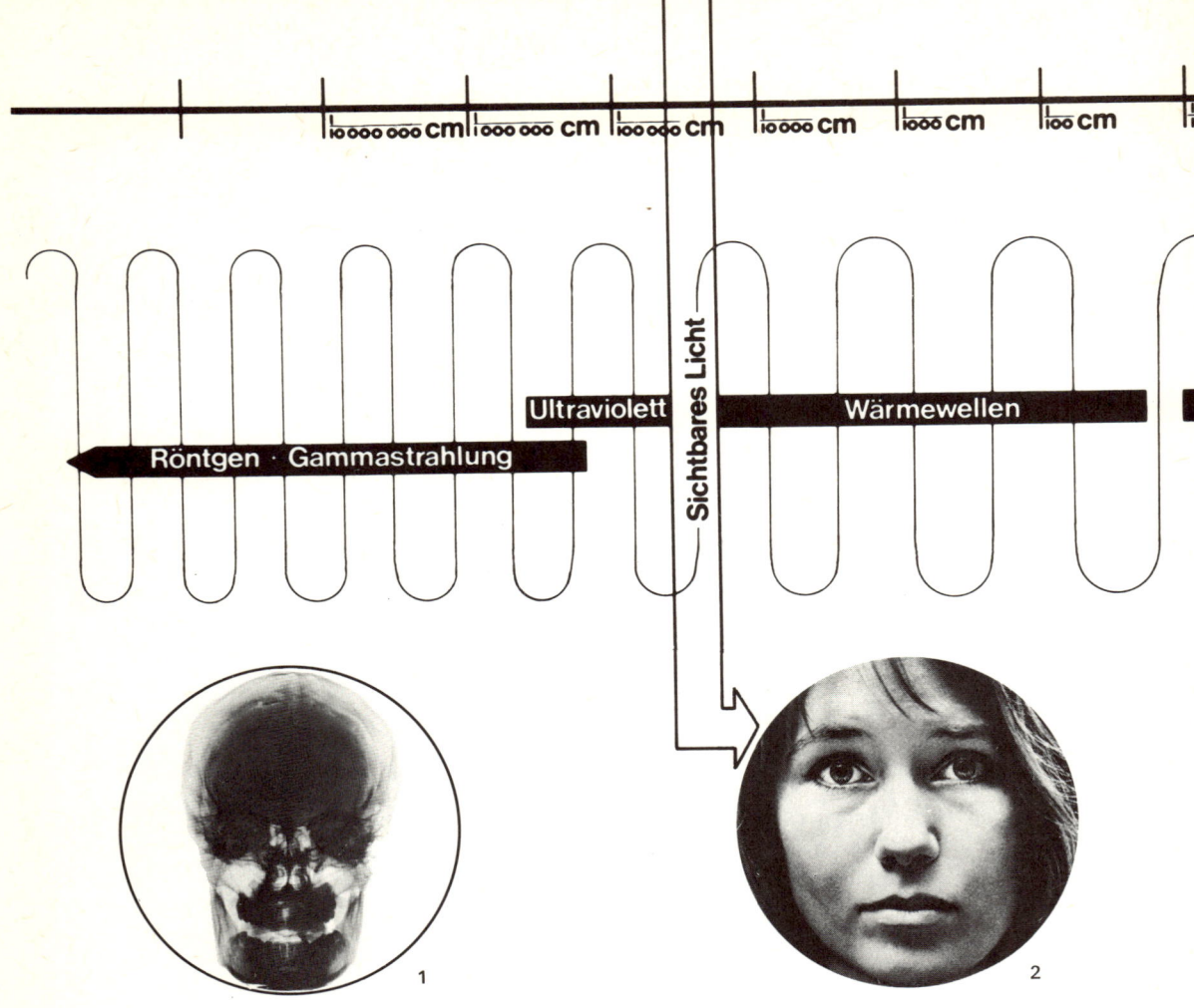

Röntgen · Gammastrahlung   Ultraviolett   Sichtbares Licht   Wärmewellen

100 000 000 cm   1 000 000 cm   100 000 cm   10 000 cm   1000 cm   100 cm   10

1

2

Das Lichtfenster zur Welt

Wenn man sich über etwas, das wunderbar ist, nicht wundert, dann hört dies auf, wunderbar zu sein.

CHINESISCHES SPRICHWORT

Der Physiologe Hermann von Helmholtz schreibt über die Mängel des Auges: «Wenn mir ein Optiker ein Instrument verkaufen wollte, welches die Fehler des Auges hat, so ist es nicht zuviel gesagt, wenn ich mich vollkommen berechtigt glauben würde, die härtesten Ausdrücke über die Nachlässigkeit seiner Arbeit zu gebrauchen und ihm sein Instrument mit Protest zurückzugeben.» Und doch scheint der uns sichtbare Teil der Welt, den wir als Farbenseher nur noch mit den Primaten, den Menschenaffen, teilen, der wundersamste und faszinierendste zu sein. Die Sonne sendet vor allem sichtbares Licht aus. Kein Wunder, daß die Lebewesen unserer Erde immer bessere Lichtaugen entwickelt haben, von der vagen Hell-Dunkel-

Wahrnehmung über das Schwarz-Weiß-Sehen mit scharfen Umrissen, hinauf bis zur Fähigkeit, die Farben des Spektrums mit ihren tausend Zwischentönen zu empfinden. Für uns ist die Farbe ein Grund-Wesenszug aller Dinge. Wir können uns den Entstehungsvorgang der Farbe erklären und darüber staunen, ihn uns aber nie richtig vorstellen: Elektronen werden durch Zufuhr von Wärme von den inneren Schalen des Atoms auf höhere hinaufgeschoben. Licht erscheint, wenn sie auf ihre alten Schalen zurückspringen und die ihnen zugefügte Energie wieder abgeben: Bei der Rückkehr von der vierten auf die dritte Schale zum Beispiel erscheint rotes Licht, von der vierten auf die zweite Schale erscheint blaues Licht. Die Vision des rätselhaften Farbreigens kleinster Atomteile macht unsere Wirklichkeit zum Vorhang vor einer magischen Bühne. Um diesen Oberflächenzauber der Farbe und Form wahrnehmen zu können, mußte sich das Auge auf einen äußerst schmalen Bereich im endlosen Wellenband spezialisieren. Die Differenz von einigen 10 000stel Millimetern in der Wellenlänge bedeutet den Unterschied zwischen Sichtbarkeit und Unsichtbarkeit. Die Wellenlänge des roten Lichtes beträgt 0,000 07 cm, die des violetten Lichtes 0,000 04 cm. Durch diese

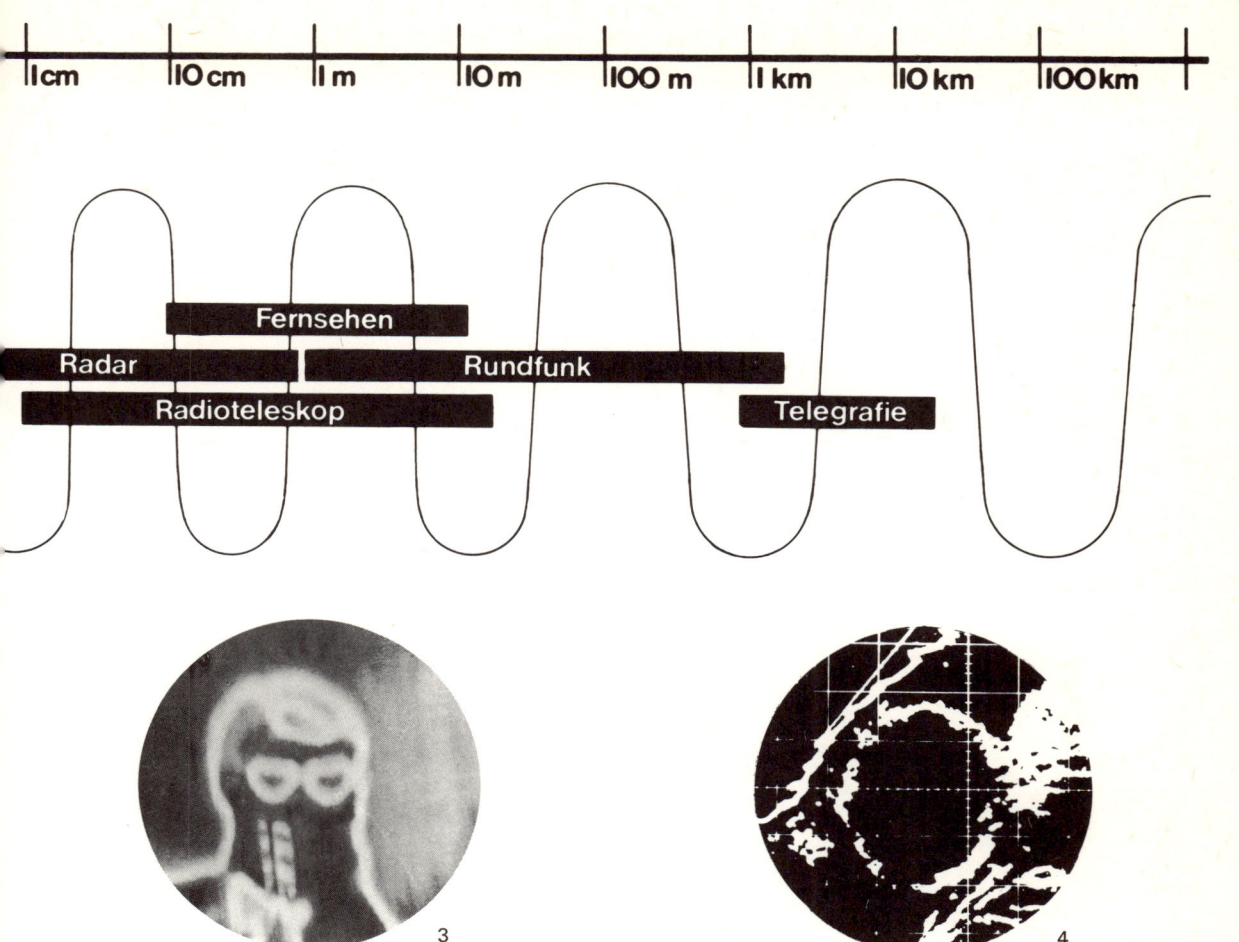

| | | | | | | | | |
|1 cm|10 cm|1 m|10 m|100 m|1 km|10 km|100 km| |

Fernsehen

Radar

Rundfunk

Radioteleskop

Telegrafie

3

4

«Unvollkommenheit» unseres Sehorgans erkennen wir nur das äußere Fragment der Umwelt (Abb. 2). Ungeheuer viele elektromagnetische Wellen schwingen durch den Weltraum. Ein Empfang der gesamten Wellenskala würde für uns ein unentwirrbares Bild der Umwelt bieten, vergleichbar mit einem Radiogerät, das alle Sender gleichzeitig wiedergibt. Selbst wenn die Sehzellen unserer Augen in den Lang- und Kurzwellenbereich hinein differenzieren könnten, wäre letztlich die Speicherkapazität unseres Hirns nicht mehr hinreichend, alles zu entschlüsseln. Immerhin könnten wir uns vorstellen, daß andere Umweltkriterien im Laufe der Selektion zu einem Auge geführt hätten, welches auf einen anderen Wellenbereich abgestimmt wäre. Unsere «Weltanschauung» würde sich auf vollständig anderen Grundlagen aufzubauen haben. Auch Ethik und Ästhetik hätten andere Schwerpunkte. Für ein Röntgenauge (Abb. 1) wäre Body-Building und Kurvenreichtum ungegenständlich! Hingegen wäre ein schönverheilter Schlüsselbeinbruch Gegenstand wohlgefälliger Betrachtung und müßte in moralisch strengdenkenden Regionen vielleicht mit einem schönziselierten Metall-Formstück bekleidet werden. Ein Wärmeauge würde in den Infrarotbereich hinein-

greifen und wäre besonders empfindlich für die Wärmeausstrahlung. Eine weiße Winterlandschaft stünde in schwarzem Frost vor diesem Infrarot-Auge, während ein dunkler Kuhstall in einer Vielfalt von ·Wärmenuancen erstrahlte. Das Infrarotbild von Abb. 3 vermittelt die Thermographie eines Männerporträts. Ein Langwellenauge wäre gewissermaßen ein «Augen-Ohr» mit der Fähigkeit, den Schall in ein Bild umzusetzen, wie dies der Arzt mit seinem Ultraschallgerät tut, um das wachsende Kind im Mutterleib beobachten zu können (Abb. 4). Der Maler der Langwellenwelt würde seine Komposition durch ein Orchester sichtbar machen: Preßlufthämmer, Motorräder und andere lärmintensive Maschinen wären wegen Erblindungsgefahr untersagt, während Politiker größere Erfolgschancen hätten, da sie vieles mit der Stimme wettmachen könnten, was ihnen am «Gesicht» abgeht. Das Oberflächenbild, das wir von unserer Umwelt sehen können, bleibt voller Rätsel, und der Reichtum der Dinge reicht weit über unsere Sicht hinaus. In dem Mosaik, das wir uns aus den vielen Meldungen des Auges, des Ohres, der Tast- und der Geschmacksnerven zusammensetzen, fehlen viele Teile, die wir nicht finden, weil wir dafür kein Sinnesorgan haben.

Vom Sehen

Die Augennetzhaut ist der am weitesten vorgeschobene Teil des Hirns. Hirn wie Auge lernen das Sehen, Erkennen und Denken erst im langen Wechselspiel durch den Umgang mit dem Schein. Für das Kind steht die Welt noch auf dem Kopf. Erst die Tasterfahrung lehrt das Hirn langsam die Bilder umzudenken. Die Objekte unserer Umwelt werden also oben-unten und links-rechts-verkehrt in zwei verschiedenen Augenbildern registriert. Von jedem dieser Bilder wird die linke Hälfte in die rechte und die rechte Hälfte in die linke Sehrinde im Hinterhirn weitergemeldet, indem die Licht-Rezeptoren die Bildmeldung in eine Sprache umwandeln, die das Hirn lesen kann, nämlich in elektrische Impulse. Daß wir uns aus diesen zusammengestückelten und kodifizierten Zerrbildern trotzdem ein brauchbares Bild unserer Umwelt machen können, ist ein abenteuerlicher, wunderlicher und noch nicht erforschter Vorgang. Daß tatsächlich jedes Auge sein eigenes Bild sieht, läßt sich in einem nicht unbeliebten Experiment leicht nachprüfen: Je mehr man über den Durst trinkt, um so stärker werden die Konvergenzmuskeln der Augen gelähmt. Dies bewirkt das vielbewitzelte Doppeltsehen im Rausch.

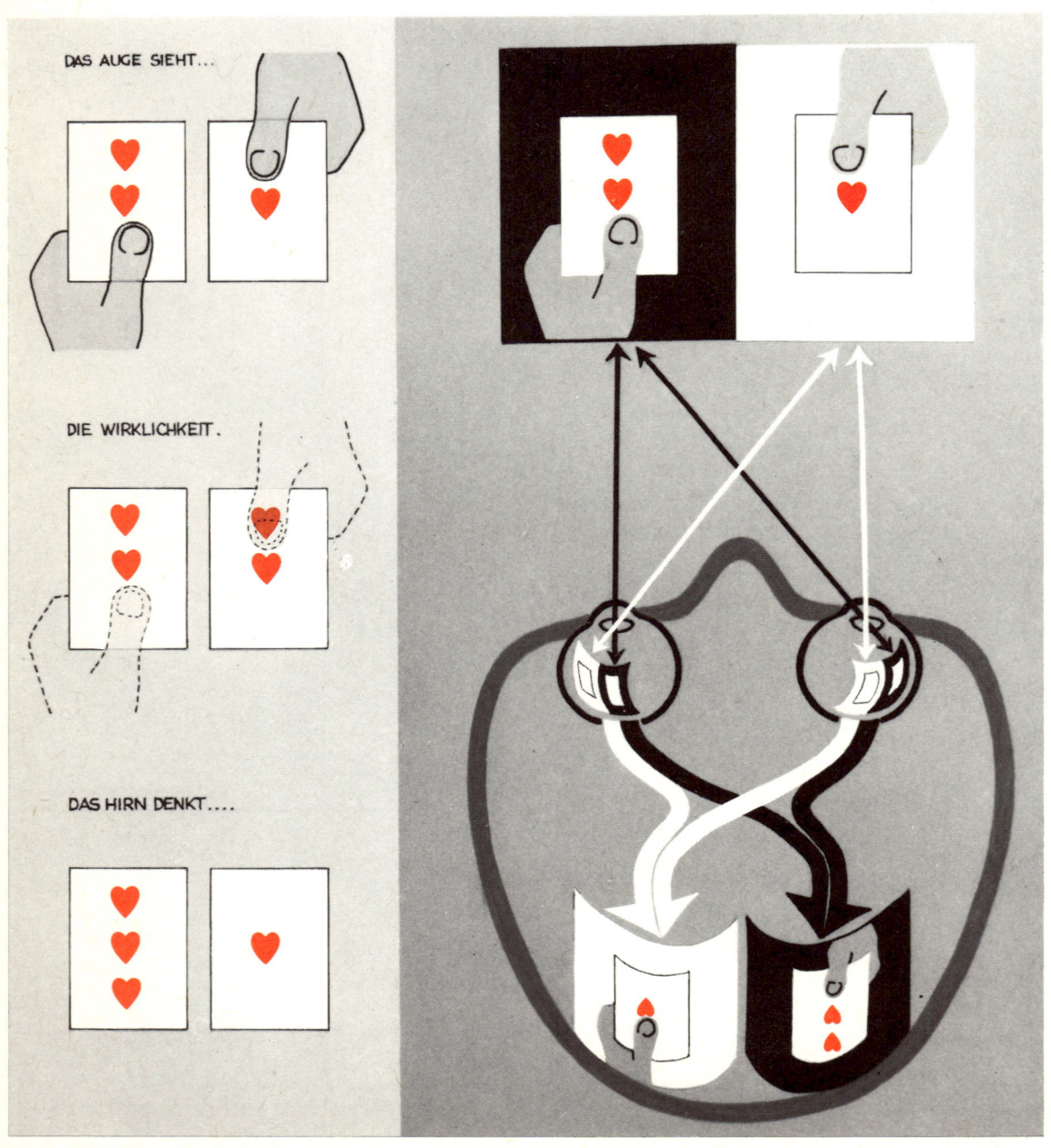

Wie in diesen Silberkugeln spiegelt sich in unseren Augen das Bild der Welt. Leonardo glaubte noch, daß sich das Licht sowohl in der Pupille wie im Glaskörper des Auges kreuzen müsse, da wir die Welt aufrecht sehen. Kepler jedoch erkannte, daß unser «Fernsehapparat» durch die Kreuzung des Lichtes in der Linse nur umgekehrte Bilder produzieren kann. Erst Helmholtz behauptete, daß wir das Sehen durch Abstimmung von Seh- und Tastsinn erlernen müssen und daß dabei keine Beeinträchtigung durch die Umkehr des Bildes resultieren würde. Stratton und Kottenhoff haben nun versucht, das Netzhautbild mit prismatischen Um-

Einen Nachweis des umgekehrten Retina-Bildes beschreibt A. Friedrich: Man sticht mit einer Nadel in ein Stück Karton und schaut mit einem Auge durch die Öffnung gegen einen hellen Hintergrund. Die Stecknadel hält man nahe zum Auge. In der hellen Kartonöffnung sieht man ein umgekehrtes Bild der Nadel, ein Beweis, daß der Abbildungsapparat des Auges dem Objektiv der Kamera entspricht.

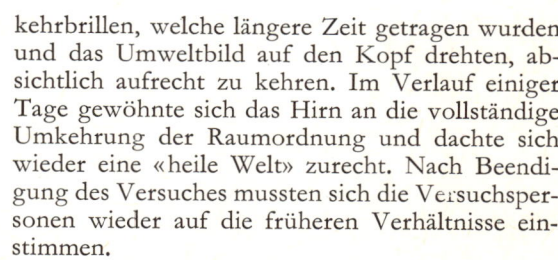

kehrbrillen, welche längere Zeit getragen wurden und das Umweltbild auf den Kopf drehten, absichtlich aufrecht zu kehren. Im Verlauf einiger Tage gewöhnte sich das Hirn an die vollständige Umkehrung der Raumordnung und dachte sich wieder eine «heile Welt» zurecht. Nach Beendigung des Versuches mussten sich die Versuchspersonen wieder auf die früheren Verhältnisse einstimmen.

Sehen im Autotypieverfahren

120 Millionen Reizpunkte der Netzhaut rastern das Bild in Punktmitteilungen auf, ähnlich der pointillistischen Manier des Malers Signac, Bild unten, oder dem Verfahren der Autotypie im Bilddruck, Bild oben. Eine ungeheure Menge von Nervenfasern sammelt die Lichtmeldungen und verläßt das Auge als Sehnerv. In jeder Sekunde durcheilen Millionen von Minimitteilungen diese Nervenbahnen zur Dunkelkammer des Gehirns, wo sich einige Milliarden Zellen an der Deutung des Bildes beteiligen. Das Bild wird in gleitenden Tonwerten wahrgenommen. Um den Punktraster im Ton zu verschmelzen, betrachte man das obige Bild aus ca. 10 m Entfernung.

Plaisanteries que se permettent... les chevaux. Lithographie 1858 von Honoré Daumier

Die unmögliche Tatsache   von Christian Morgenstern

Palmström, etwas schon an Jahren,
wird an einer Straßenbeuge
und von einem Kraftfahrzeuge
überfahren.

«Wie war» (spricht er, sich erhebend
und entschlossen weiterlebend)
«möglich, wie dies Unglück, ja –:
daß es überhaupt geschah?»

«Ist die Staatskunst anzuklagen
in bezug auf Kraftfahrwagen?
Gab die Polizeivorschrift
hier dem Fahrer freie Trift?»

«Oder war vielmehr verboten,
hier Lebendige zu Toten
umzuwandeln – kurz und schlicht:
durfte hier der Kutscher nicht –?»

Eingehüllt in feuchte Tücher,
prüft er die Gesetzesbücher
und ist alsobald im klaren:
Wagen durften dort nicht fahren!

Und er kommt zu dem Ergebnis:
Nur ein Traum war das Erlebnis.
Weil, so schließt er messerscharf,
nicht sein kann, was nicht sein darf.

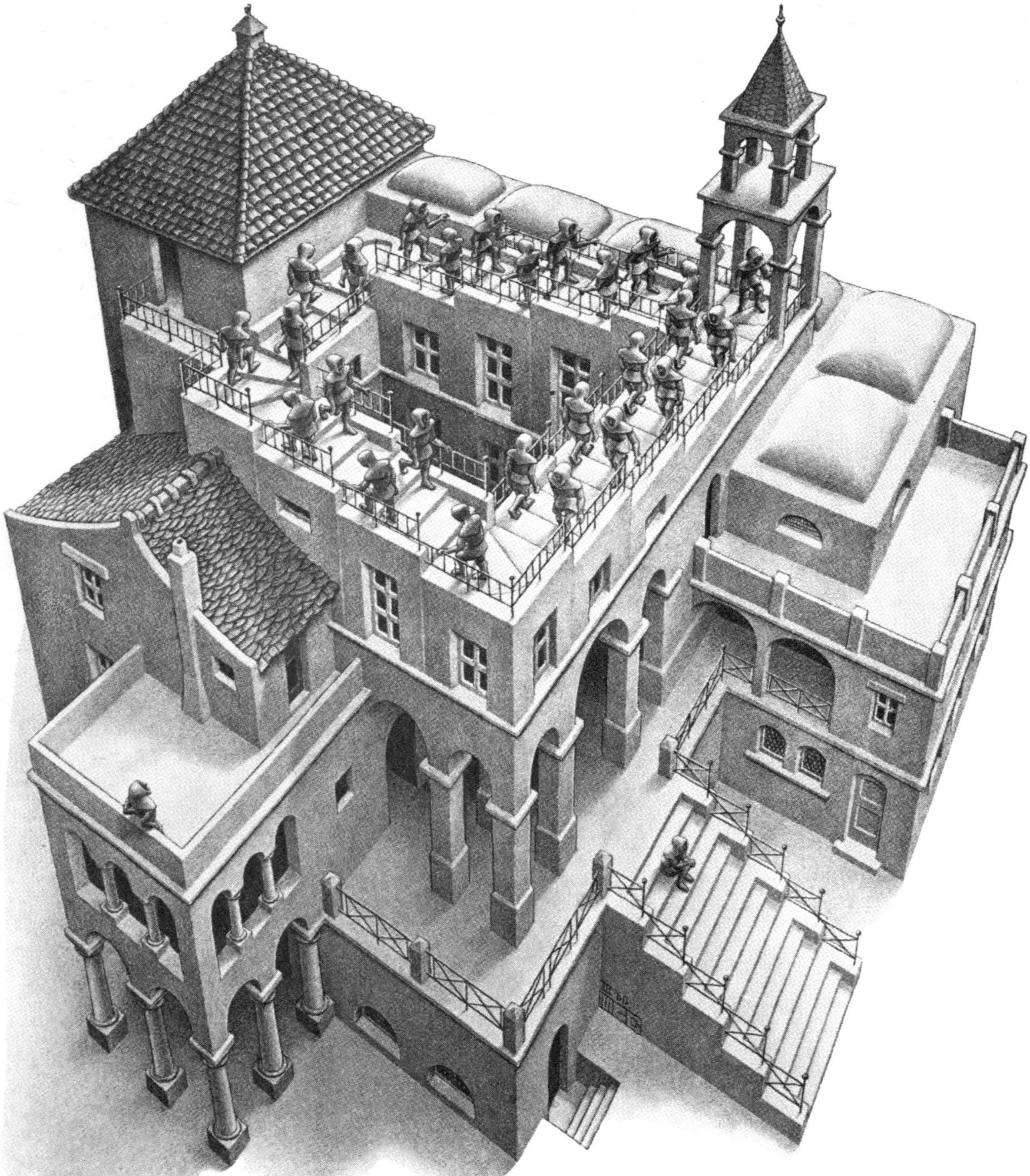

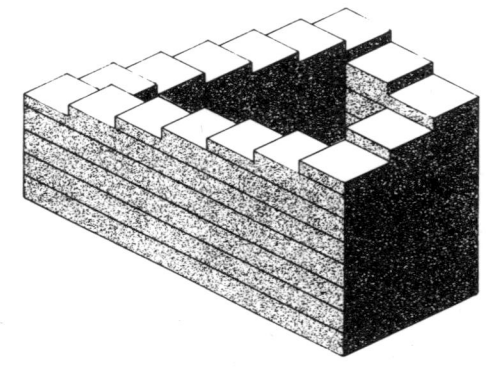

Treppauf und Treppab

Litho 1960 von M. C. Escher

Ein rechteckiger Innenhof wird von einem Gebäude umschlossen, das eine endlose Treppe als
Dach hat. Die Bewohner dieses Häuserkomplexes
sind vielleicht Mönche, Vertreter einer unbekannten Sekte. Möglicherweise ist es ihre rituelle
Pflicht, täglich einige Stunden über diese Treppe
zu gehen. Wenn sie müde werden, dürfen sie anscheinend treppab statt treppauf steigen. Aber
beide Richtungen sind, wenn auch sinnvoll, so
doch nutzlos.

Wasserfall

Litho 1961 von M. C. Escher

Wenn wir allen Einzelheiten dieser Konstruktion mit den Augen folgen, kann man keinen einzigen Fehler entdecken. Dennoch ist es ein unmögliches Ganzes, weil plötzlich Veränderungen in der Interpretation der Entfernung zwischen unserem Auge und unserem Objekt auftreten. Auf dem Escher-Bild kommt dieses unmögliche Dreieck dreimal zur Anwendung. Niederstürzendes Wasser setzt ein Mühlrad in Bewegung und fließt anschließend durch eine abschüssige Rinne zwischen zwei Türmen langsam und zickzackweise nach unten bis zu dem Punkt, wo der Wasserfall erneut beginnt. Die beiden Türme sind gleich hoch, und doch ist der rechte um ein Geschoß niedriger als der linke.

mähten eine Wiese, und ich sah zwei Mücken an einer Brücke bauen, und zwei Tauben zerrupften einen Wolf, zwei Kinder, die wurfen zwei Zicklein, aber zwei Frösche droschen miteinander Getreid' aus. Da sah ich zwei Mäuse einen Bischof weihen, zwei Katzen, die einem Bären die Zunge auskratzten. Da kam eine Schnecke gerannt und erschlug zwei wilde Löwen. Da stand ein Bartscherer, schor einer Frauen ihren Bart ab, und zwei säugende Kinder hießen ihre Mutter stillschweigen. Da sah ich zwei Windhunde, brachten eine Mühle aus dem Wasser getragen, und eine alte Schindmähre stand dabei, die sprach, es wäre recht. Und im Hof standen vier Rosse, die droschen Korn aus allen Kräften, und zwei Ziegen, die den Ofen heizten, und eine rote Kuh schoß das Brot in den Ofen. Da krähte ein Huhn: «kikeriki, das Märchen ist auserzählt, kikeriki.»

Das Dietmarsische Lügenmärchen

Aus: Kinder- und Hausmärchen, gesammelt durch die Brüder Grimm.

Ich will euch etwas erzählen. Ich sah zwei gebratene Hühner fliegen, flogen schnell und hatten die Bäuche gen Himmel gekehrt, die Rücken nach der Hölle, und ein Amboß und ein Mühlenstein schwammen über den Rhein, fein langsam und leise, und ein Frosch saß und fraß eine Pflugschar zu Pfingsten auf dem Eis. Da waren drei Kerle, wollten einen Hasen fangen, gingen auf Krücken und Stelzen, der eine war taub, der zweite blind, der dritte stumm, und der vierte konnte keinen Fuß rühren. Wollt ihr wissen, wie das geschah? Der Blinde, der sah zuerst den Hasen über Feld traben, der Stumme rief dem Lahmen zu, und der Lahme faßte ihn beim Kragen. Etliche, die wollten zu Land segeln und spannten die Segel im Wind und schifften über große Äcker hin: da segelten sie über einen hohen Berg, da mußten sie elendig ersaufen. Ein Krebs jagte einen Hasen in die Flucht, und hoch auf dem Dach lag eine Kuh, die war hinaufgestiegen. In dem Lande sind die Fliegen so groß als hier die Ziegen. Mache das Fenster auf, damit die Lügen hinausfliegen.

Das Märchen vom Schlauraffenland

Aus: Kinder- und Hausmärchen, gesammelt durch die Brüder Grimm.

In der Schlauraffenzeit, da ging ich und sah, an einem kleinen Seidenfaden hing Rom und der Lateran, und ein fußloser Mann, der überlief ein schnelles Pferd, und ein bitterscharfes Schwert, das durchhieb eine Brücke. Da sah ich einen jungen Esel mit einer silbernen Nase, der jagte hinter zwei schnellen Hasen her, und eine Linde, die war breit, auf der wuchsen heiße Fladen. Da sah ich eine alte dürre Geiß, trug wohl hundert Fuder Schmalzes an ihrem Leibe und sechzig Fuder Salzes. Ist das nicht gelogen genug? Da sah ich zackern einen Pflug ohne Roß und Rinder, und ein jähriges Kind warf vier Mühlensteine von Regensburg bis nach Trier und von Trier hinein in Straßburg, und ein Habicht schwamm über den Rhein: das tat er mit vollem Recht. Da hört' ich Fische miteinander Lärm anfangen, daß es in den Himmel hinaufscholl, und ein süßer Honig floß wie Wasser von einem tiefen Tal auf einen hohen Berg; das waren seltsame Geschichten. Da waren zwei Krähen,

Skurrile Welt der Mimese

Vom Sinn der Insektentrachten
von Walter Linsenmaier

Die Tarnkunst der Insekten breitet sich als ein fast unbegrenztes Feld vor unseren Augen aus, Staunen, Bewunderung, Neugier und gar systematische Forscherlust erweckend. Denn Anpassungen an den Untergrund, den Ruheplatz, sei es nun Erde, Stein, Rinde, Blatt und anderes, stellen nur eine erste Stufe in der weiten Skala der Insekten-Mimese und -Mimikry dar.

Es gibt aber noch viel stärker beabsichtigt erscheinende, optische Täuschungen, zum Beispiel durch auffällige, aber die ruhende Insektengestalt optisch in einzelne, undefinierbare Teile zerschneidende Zeichnungen, eine Körperauflösung (Somatolyse), die besonders bei Waldbewohnern im rasch wechselnden Spiel von Licht und Schatten ihre Verwirklichung findet. Und andere Insekten bieten sich im Gegenteil in voller, plastischer Körperhaftigkeit dar, doch als Dinge, hinter denen nur die Gewitzten Leben vermuten können: so etwa als bizarre Stückchen faulenden oder dürren Holzes, grüne oder abgestandene und vielleicht knorrige Zweige, Dornen, glatte oder runzelige Nüsse und Samen, zerschlissene Flechten; dann eine Unzahl als grüne, welke, verwesende und dürre Blätter mit oder ohne Stiel, am Boden liegend

Manche Insektenarten leben gemeinsam, gewisse andere vereinigen sich nur zum Schlaf und bilden dann an den Pflanzen scheinbare «Blütenstände», wie diese Zikaden.

oder an Baum und Strauch hängend, vielleicht sogar noch aus eigener Körperbewegung gleichsam im Winde schaukelnd, und oft mit frappant vorgetäuschtem Insektenfraß (ausgenagte Ränder, Loch- und Skelettierfraß), mit Pilzflekken oder mit Tautropfen aus purem Silber. Und es werden so ausgefallene Dinge wie etwa auf Blättern haftender Vogelkot dargestellt, und abgefallene, leicht angewelkte Blütenblätter oder auch ganze Blütenstände, wo immer solche Insekten sich zu Schlafgemeinschaften zusammenfinden. All dies Fabelhafte wird noch viel faszinierender und kommt überhaupt erst zur vollen Wirkung durch ein erstaunlich harmonierendes Zusammenspiel von Farbe, Zeichnung, Gestalt, Körperhaltung und Platzwahl all dieser Insekten, seien es nun Schmetterlinge und Falter des Tages und der Nacht oder Käfer, Wanzen, Zikaden, Heuschrecken und anderes mehr. Solche Geschöpfe benehmen sich so, als ob sie es im Spiegel eingeübt hätten, ruhen in oft ganz unmöglich erscheinenden Stellungen, vielleicht den Vorderkörper hochgereckt oder den Hinterleib wie auch andere Körperteile steif von der Unterlage abgespreizt oder überhaupt fast zur Gänze frei in die Luft ragend. Alles in voller Übereinstimmung mit ihren oft durch phantasievoll ondulierte und zu-

rechtgestutzte Haar- oder Schuppenschöpfe verformten Körperkonturen, um das Maß der Täuschungen auch wirklich ganz voll werden zu lassen.

Die Insektennatur hat aber noch mehr optische Mittel zur Erhaltung ihrer Arten entwickelt, nämlich mit dem gegenteiligen Effekt des Auffallens, der Warn- und Schreckfarben. Wird nämlich so ein vermeintliches Blatt oder Holzstückchen doch als Freßbares erkannt und attackiert, kann es sein, daß sich das Ding urplötzlich zur grellfarbenen Fahne ausbreitet. Irritieren heißt hier die Devise, und in vielen Fällen

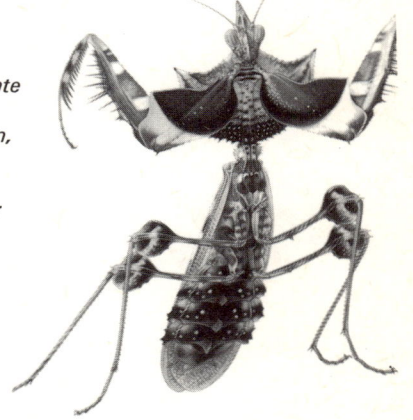

Als «Teufelsblume» berühmte afrikanische Gottesanbeterin, die mit ausgebreiteten Vorderbeinen einer Blume gleicht und so auch Insekten anlocken will.

gelingt dieser Trick; manch angegriffenes Insekt gewinnt Zeit zum Verschwinden, um vielleicht in nächster Nähe schon wieder als überzähliges Blatt zu hängen. Häufig werden abschreckende Augenzeichnungen mit grellen weißen Lichtern, schwarzen, blauen, roten oder gelben Ringen zur Schau gestellt, oder es ist auch nur der knallrote Hinterleib, der dann blitzlichtartig und wippend zum Vorschein kommt.

Warnfarben werden übrigens von jenen Insekten dauernd gezeigt, die, durch Wehrhaftigkeit, ekelhafte oder gar giftige Körpersäfte gefeit, ohne Tarnung auskommen und im Gegenteil auf ihre Macht geradezu aufmerksam zu machen scheinen, also etwa nach dem Prinzip der bunten Korallenschlangen. Dies wiederum verstehen jene Bluffer als Mitläufer zu nutzen, welche, in gleiche Warntrachten wie ihre Vorbilder gekleidet, auch deren Unangreifbarkeit vortäuschen. Es ist die große und ganz eigene Welt der Mimese und Mimikry, wo es um die «Nachahmung» nicht von Pflanzen und Gegenständen, sondern sogar anderer, wehr-

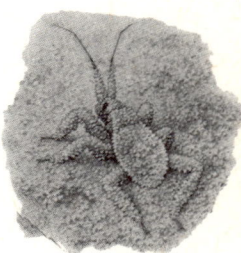

Die Larve der Haus-Raubwanze tarnt sich selbst mit Erd- oder Staubteilchen.

hafter Lebewesen (zum Beispiel Spinnen oder Wespen) geht, denen zu gleichen eigenen Schutz und Vorteil verspricht.

Insektennatur – tatsächlich eine Welt, in der von uns viel Phantastisches bisher noch nicht gesehen wurde und so manches wohl nie völlig gesehen werden wird.

Rechts: Quodlibet von Michele Bracci, 18. Jh., das Bild vom Bild im Bild, ein Chamäleon in der Malerei. Die Darstellung ist keine Collage. Die «achtlos hingestreuten» Dokumente sind raffiniert zusammengestellt und mit äußerster Genauigkeit abgezeichnet.

Links: Blühende Steine. Eine der geschicktesten Mimikry-Pflanzen unter allen Sukkulenten ist wohl das Mesembrianthemum pseudotruncatellum Berger. Diese Pflanzen gehören zu den sonderbarsten Gewächsen der südafrikanischen Flora, da sie Steinen so täuschend ähnlich sehen, daß sie sich vom Geröll, zwischen dem sie wachsen, kaum unterscheiden lassen und in nichtblühendem Zustand jeder Ähnlichkeit mit Pflanzen entbehren. Der aufmerksame Betrachter wird auf dem Bild mindestens 27 Individuen finden.

Der Erdlöwe

«Erdlöwe» ist die Übersetzung des griechischen Wortes «Chamäleon». Es zeigt uns mit seiner sich ständig wandelnden Tarnung, dem Doppelspiel der Natur im Überleben, die *Objekttäuschung* in großer Vollendung.

Der Birkenspanner (S. 39), Biston betularia, ist ein weißer Schmetterling mit schwarzen Sprenkeln auf den Flügeln. Er ist wunderbar angepaßt an seine natürliche Umwelt und von seinen Vogelfeinden kaum zu entdecken. Zufällige Gen-Mutationen ließen schwarze Exemplare entstehen, die in den rußgeschwärzten Industriegebieten Englands besser getarnt sind und bessere Überlebenschancen haben als ihre hellen Verwandten.

Vermutlich waren noch nie militärische Anlagen besser getarnt als manche Tiere, die sich dank ihrer Farbe und Form vor ihren Feinden verbergen können. Ist es ein Zufall, daß gewisse Pflanzen und Tiere wie durch eine mutwillige Spielerei der Natur zu ihren erstaunlichen Eigenschaften kommen? Oder steckt in diesen Wesen, wie Lamarck um 1800 glaubte, ein erfinderischer Geist, fähig, diese ausgeklügelten Tarnungsmanöver zu erdenken? Und waren all die anderen hungernden Tiere so töricht, sich durch Jahrmillionen hindurch von den raffinierteren täuschen zu lassen? Im Laufe der langen Entwicklungsgeschichte erfand die Natur aufs Geratewohl eine Unzahl von Spielarten des gleichen Wesens. Die meisten hielten den Lebensbedingungen nicht stand, wenige aber

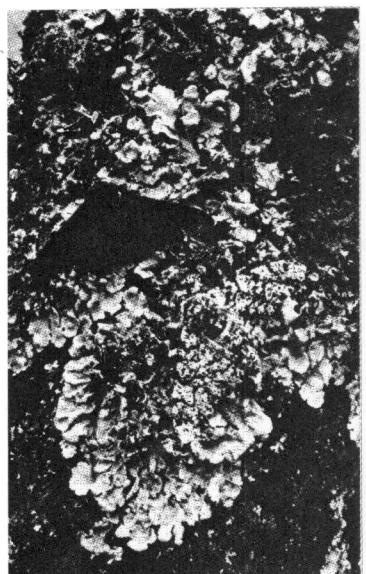

waren durch eine leichte Abweichung von ihrer Art besser abgestimmt und spielten sich besser auf ihre Umgebung ein als ihre «normalen» Eltern. Sie blieben Sieger im Kampf um Nahrung, Licht und Lebensraum und konnten ihre Spezies über erdgeschichtliche Zeitspannen hinweg erhalten, indem sie ihre Existenz ganz auf Täuschung einstellten.

Adamson und die Schlange.

Das Glasauge der Miss Wagner

Aus: M. Twain, Reiseerlebnisse in Nordamerika

Sile Hawkins ... war ein Strunk mit Namen Filkins – Vornamen hab' ich vergessen –, aber ein Strunk *war* es –, also der ist mal abends besoffen in eine Bibelandacht reingeplatzt, mit dreimal Hurra für Nixon, weil er dachte, es wär 'ne Wahlversammlung, und da ist der alte Diakon Ferguson hoch und hat ihn durchs Fenster gefeuert, und er landete der alten Miss Jefferson genau auf'm Ballon. Das arme alte Mädchen. War 'ne gute Seele, hatte ein Glasauge, das sie immer der alten Miss Wagner pumpte, damit die Besuch empfangen konnte, denn die hatte keins.

Es war der Miss Wagner zu klein, und wenn sie nicht aufpaßte, hat es sich in der Augenhöhle verdreht und nach oben oder nach einer Seite oder sonstwohin gestiert ... Erwachsenen hat das ja nichts ausgemacht, bloß die Kinder haben meistens immer zu heulen angefangen, weil es doch so gruselig war. Sie hat versucht, es in Watte zu packen, aber irgendwie ging das nicht – die Watte hat sich immer gelockert und rausgeguckt und so furchtbar ausgesehen, daß die Kinder es überhaupt nicht mehr aushalten konnten. Sie hat es in einem fort fallenlassen und hat dann mit ihrer alten Luke, mit hochgeklapptem Deckel und nichts drin, ihrem Besuch gegenübergesessen, daß dem immer ganz komisch wurde, aber sie selber konnte ja niemals wissen, ob es rausgehopst war, weil sie auf der Seite doch blind war. So mußte sie einer anstoßen und sagen: «Verzeihung, liebe Miss Wagner, aber Ihr eines Auge hat sich selbständig gemacht» – und dann mußten sie alle dasitzen und warten, bis sie es wieder reingeklemmt hatte – mit der Rückseite gewöhnlich nach vorne, die so grün war wie ein Vogelei –, denn in Gesellschaft war die schüchterne Miss Wagner leicht etwas verschämt ...

Sie pumpte überhaupt ganz schön rum, die alte Miss Wagner. Wenn bei ihr mal Nähkränzchen war oder sie den wohltätigen Frauenverein bei sich zu Hause hatte, lieh sie sich meistens Miss Higgins Holzbein aus, um damit rumzulatschen. Es war ein ganzes Ende kürzer als ihr anderer Ständer, aber sie hat's nicht gestört. Sie sagte, wenn sie Leute zu Besuch hat, kann sie keine Krücken leiden, weil das so langsam geht; sie sagte, wenn sie Besuch hat und es was zu tun gibt, dann will sie auch aufstehen und sich abhetzen. Sie war so kahl wie'n Kürbis, und da hat sie sich immer die Perücke von Miss Jacops geborgt ...

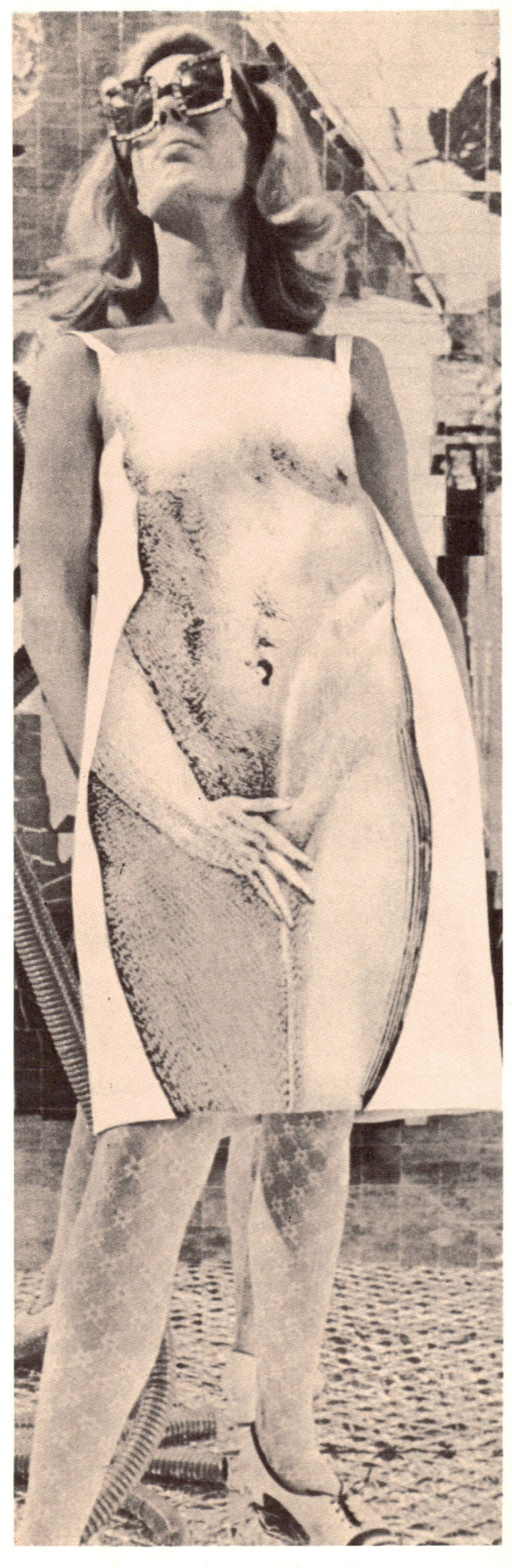

Kleider machen Leute

An dem amerikanischen Papierkleid von 1965 mit der aufgedruckten Venus von Botticelli wird ein Täuschungstrick der Mode sichtbar: Der Konvention entsprechend Aufmerksamkeit und Erregung erweckendes Verdecken, doch so, daß das Versteckte so angedeutet und betont wird, daß oft in der sichtbaren Form der erweckten Hoffnung mehr versprochen wird, als die nackten Tatsachen bieten können.

Während die Bekleidungs- oder Entkleidungsstücke in der Damenmode sich auf viele Körperteile differenzieren, bleibt beim Mann nur ein Hauptpunkt zu Prahl und Balz. Die Renaissance verlangte von der Frau an die 36 Schönheiten, beim Mann begnügte sie sich mit einer einzigen: Der oft grellfarbige Hosenlatz, mit Fremdmaterial zu ganz unwahrscheinlichen Dimensionen ausgestopft (Landsknecht mit Pluderhose und Hosenlatz) oder die Feldharnische mit Gliedschirm Mitte des 16. Jh., wo oft greise und rheumatische Feldherren ihre «strotzende» Manneskraft in Erz verewigten. Das Protzen mit dem Glied ist ein uraltes Motiv, wie bei dem Dani-Eingeborenen, der sich nicht damit begnügt, seinen normalen Adamsreiz frei zur Schau zu stellen und die Steigerung in einer überlangen Hülle sucht.

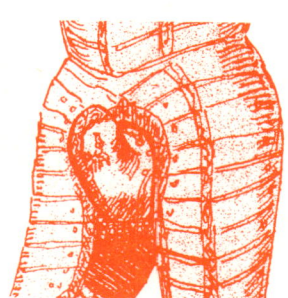

Die List der Verpackung

Aus: Homer, Odyssee

Wahrlich, vor allen Menschen, Demodokos, achtet mein Herz dich! / Dich hat die Muse gelehrt, Zeus' Tochter oder Apollon! / So zum Erstaunen genau besingst du das Schicksal der Griechen, / Alles, was sie getan und erduldet im mühsamen Kriegszug, / Gleich als hättest du selbst es gesehen oder gehöret. / Fahre nun fort und singe des hölzernen Rosses Erfindung, / Welches Epeios baute mit Hilfe der Pallas Athene / Und zum Betrug in die Burg einführte der edle Odysseus, / Mit bewaffneten Männern gefüllt, die Troja bezwangen. / Wenn du mir dieses auch mit solcher Ordnung erzählest, / Siehe, dann will ich sofort es allen Menschen verkünden, / Daß ein waltender Gott den hohen Gesang dir verliehn hat.

Sprach's, und eilend begann der gottbegeisterte Sänger, / Wie das Heer der Achaier in schöngebordeten Schiffen / Von dem Gestade fuhr, nach angezündetem Lager. / Aber die andern, geführt vom hochberühmten Odysseus, / Saßen, von Troern umringt, im Bauche des hölzernen Rosses, / Welches die Troer selbst in die Burg von Ilion zogen. / Allda stand nun das Roß, und ringsum saßen die Feinde, / Hin und her ratschlagend. Sie waren dreifacher Meinung: / Diese, das hohle Gebäude mit grausamem Erze zu spalten; / Jene, es hoch auf den Felsen zu ziehn und herunter zu schmettern; / Andre, es einzuweihn zum Sühnungsopfer der Götter. / Und der letzteren Rat war bestimmt, erfüllt zu werden, / Denn das

Schicksal beschloß Verderben, wann Troja das große / Hölzerne Roß aufnähme, worin die tapfersten Griechen / Alle saßen und Tod und Verderben gen Ilion brachten. / Und er sang, wie die Stadt von Achaias Söhnen verheert ward, / Welche dem hohlen Bauche des trüglichen Rosses entstürzten; / Sang, wie sie hier und dort die stolze Feste bestürmten, / Und wie Odysseus schnell zu des edlen Deiphobos' Wohnung / Eilte, dem Kriegsgott gleich, samt Atreus' Sohn Menelaos, / Und wie er dort voll Mutes dem schrecklichsten Kampfe sich darbot, / Aber zuletzt obsiegte, durch Hilfe der hohen Athene.

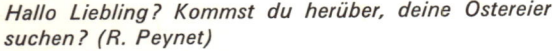

Hallo Liebling? Kommst du herüber, deine Ostereier suchen? (R. Peynet)

Apropos Emballage –
auch Verpackung
oder Packung genannt
von Harald Scheerer

Illusionen, wo man hinschaut: Hinter Kleidern, Anzügen, Perücken, Make-up, Gesten und Gebärden, Kartons, Flaschen, Bucheinbänden, Etiketten, Häuserwänden, Briefumschlägen (die Reihe kann beliebig fortgesetzt werden), Illusionen hinter jeder Art von Packung.

Apropos Packung: Eine Packung kann je nach Situation gewechselt werden. Mit der Situation wechselt dann auch die Illusion. Im Mittelalter bildeten die «Packer» eine eigene Zunft. Sie sehen, welches Gewicht die Packung schon bei unseren Voreltern hatte.

Apropos Gewicht: Manche Packungen sehen gewichtiger aus, als sie es sind. Beim Handel spricht man dann von «Mogelpackungen».

Apropos Mogeln: Mogeln heißt, bei anderen Illusionen erwecken, damit diese glauben, es wäre so, wie der Mogelnde es vormogelt. Oder nehmen Sie die auf Packungen gedruckten «empfohlenen» Preise. Der Händler unterbietet sie und erzeugt so die Illusion, seine Ware sei besonders preiswert.

Apropos preiswert: Kostbare Packungen rufen beim Betrachter die Illusion hervor, der (hohe) Preis sei eigentlich recht niedrig. Überhaupt – die Verpackung ist geradezu der Erfinder der Illusion. Denken Sie doch nur an den Inhalt mancher Büstenhalter!

Apropos Frauen: Die hätten eigentlich schon im Mittelalter in die Zunft der «Packer» aufgenommen werden müssen. Sie sind Verpakkungs-Virtuosen.

Betrachten Sie bitte einmal ein Mädchen, das einen Mann für sich gewinnen will, der sich eine häusliche, solide Frau wünscht. Mit Sicherheit wählt es eine «Verpackung», die bei dem Mann die perfekte Illusion hervorruft, es sei so, wie er es sich sehnlichst wünscht. Oder ein Mädchen hat ein Auge auf einen Mann geworfen, der den mondänen, eleganten, modisch orientierten, vielleicht sogar vampverdächtigen Frauentyp bevorzugt. Sie können sich darauf verlassen, daß das Mädchen die «Verpackung» findet, die haargenau jene Illusion erzeugt.

Apropos erzeugen: Ein Weinerzeuger (großer Winzer) brauchte für seine fünf verschiedenen Rotweinsorten Flaschenetiketten. Die cleveren Werbeleute, die diese Etiketten entworfen hatten, testeten die Wirkung der Gestaltung: Die fünf verschiedenen Etiketten (verschieden in Farbe, Schrift, Graphik usw.) wurden auf fünf Flaschen geklebt. In die Flaschen kam nur eine einzige Weinsorte, also Wein aus demselben Faß. Der alleinige Unterschied bei allen fünf Flaschen bestand also nur im Etikett. Zur Weinprobe wurden Leute eingeladen, die sich für Weinkenner hielten.

Hier das Ergebnis:

Flasche 1 – leicht und süffig
Flasche 2 – schwer und alkoholreich
Flasche 3 – sehr herb
Flasche 4 – zu süß
Flasche 5 – zu flach, nichtssagend

Jedes Etikett hatte durch die Art seiner Aufmachung also eine andere Illusion hervorgerufen.

Stecken Sie Schokolade in eine Packung, die wie eine Seifenpackung aussieht. Die Schokolade wird, einem Ahnungslosen angeboten, diesem nach Seife schmecken. Sollten Sie Ihre Lieblingszigarettenmarke aus der Packung einer anderen Marke angeboten bekommen, sie wird Ihnen nicht schmecken: Solche Illusions-Erzeuger können Packungen sein.

«Wie du kommst gegangen, so wirst du empfangen» bezieht sich nicht zuletzt auch auf die Verpackung von Menschen und Waren. Fast jede Verpackung wird – ob bewußt oder unbewußt – zur Erzeugung einer bestimmten Illusion eingesetzt.

Im allgemeinen sind Illusionen also die Aussicht auf etwas Erfreuliches. Und da kommen dann auch böse Leute, die einem die Illusionen rauben wollen. Die es mit der Wirklichkeit halten. Die sagen, auf die Verpackung käme es nicht an, sondern allein auf den Inhalt, auf den Kern.

Es gibt eine Volksweisheit, die sagt: «Vorfreude ist die schönste Freude». So soll es darum auch Leute geben, die eine schöne Verpackung gar nicht erst aufmachen, um nicht vom Inhalt enttäuscht zu werden.

Wohl dem, der Nerven und Geld genug hat, solches konsequent durchzuhalten! Doch das ist nicht in jedem Falle empfehlenswert:

Nehmen Sie doch den Einband dieses Buches. Er soll die Illusion hervorbringen, daß es sich um ein gutes, interessantes, lesens- und kaufenswertes Buch handelt. Diese Illusion hat Sie ja auch zum Kauf bewogen. Und nun stellen Sie – hoffentlich – fest, daß aus der Illusion Wirklichkeit wurde. Vielleicht lassen Sie auch den Rappen im Bucheinband, um bei sich selbst die Illusion zu nähren, Sie hätten immer Bargeld im Hause.

Das Badesofa

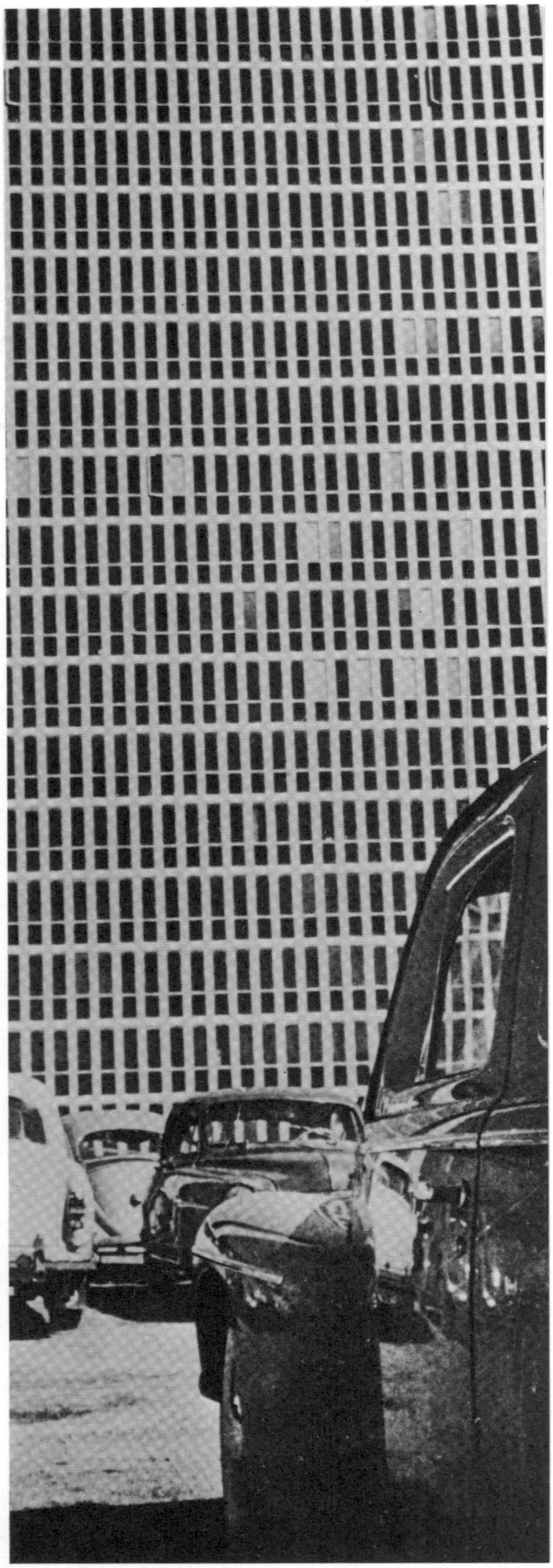

Es ist eine Täuschung, zu glauben, ein Ding könne mehr als einem Wunsche richtig dienen. Versuche vom Erfinder Kastner in Paris, den Kronleuchter als Musikinstrument zu mißbrauchen oder die Hausorgel als stimmungsvollen Beleuchtungskörper, mußten genauso versagen wie das repräsentative Wohn-Eß-Badezimmer-Kombimöbel der Jahrh.-Wende.

Bild links: Polyvalenz in der heutigen Architektur: Torre d'appartamenti «Sole mio» in Mailand? Unesco-Bibliothek in Paris? Hochhaus Elektra AG in Zürich? Bundespostzentralverwaltung in Bonn? Hochgarage in Hamburg? Mehrfamilienhaus in Wiener Neustadt? Hotel Bristol in Los Angeles?

Architektur: Glanz und Elend des äußeren Scheins

Optische Korrektur. Diese Skizzen von der Ostfassade des Parthenons zeigen mit aller Deutlichkeit, mit welchen raffinierten Mitteln der Architekt gearbeitet hat, um die visuelle Wirkung in vollendeter Weise zu steigern.

1. So erscheint der Tempel den Augen des Beschauers. Die Linien scheinen vollständig horizontal oder vertikal zu verlaufen, obgleich sie in Wirklichkeit konkav oder konvex sind, wie die Zeichnung 3 zeigt.

2. So würden wir den Tempel sehen, wenn er, wie in der Zeichnung 1, vollkommen horizontal und vertikal erbaut worden wäre.

3. Der Tempel, wie er in Wirklichkeit konstruiert worden ist. Die Säulen sind fast unmerklich nach innen geneigt, das Fundament, die Stufen, der Architrav und der Giebel dagegen konvex gewölbt.

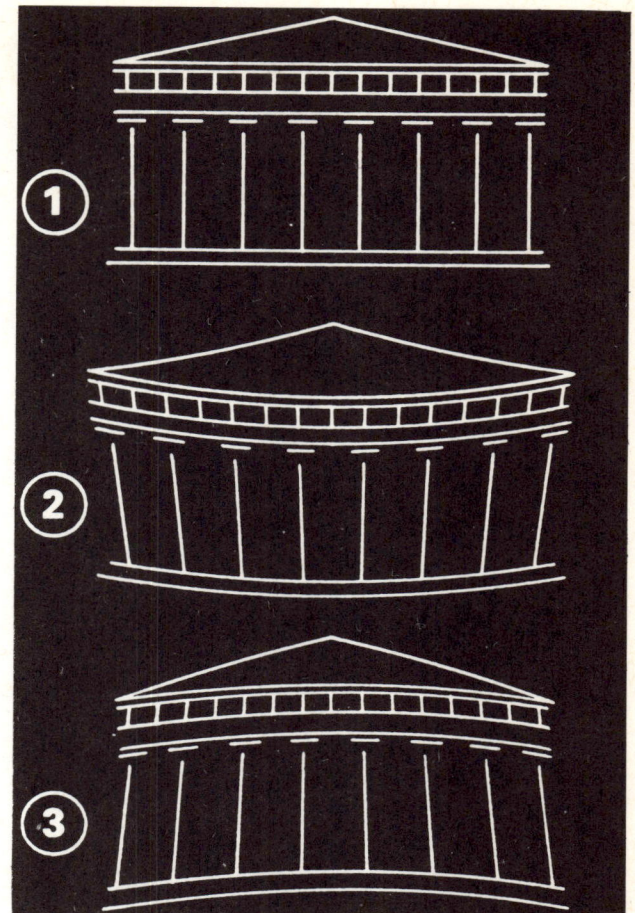

Der Lattenzaun

von Christian Morgenstern

Es war einmal ein Lattenzaun,
mit Zwischenraum, hindurchzuschaun.

Ein Architekt, der dieses sah,
stand eines Tages plötzlich da –

und nahm den Zwischenraum heraus
und baute draus ein großes Haus.

Der Zaun indessen stand ganz dumm,
mit Latten ohne was herum.

Ein Anblick gräßlich und gemein.
Drum zog ihn der Senat auch ein.

Der Architekt jedoch entfloh
nach Afri-od-Ameriko.

Landschaftsschutz in Dänemark 1961: Die Öl-raffinerie wird sich unauffällig in die unberührte Landschaft einfügen.

Das Vexierbild

Oben: Paysage à surprise, Martin Will.

Links: Maria mit dem Christkind in Wolken, Rembrandt:
Wo versteckt sich der Engel?

Unten: St. Helena: Wo zeigt sich Napoleons Geist?

Wo ist die Dame?

Wo ist die Hirtin?

Wo ist die Schloßherrin?

o ist der Bauer?

Wo ist der Fischer?

Wo ist denn nun die Sennerin?

ist der Herr Assessor?

Wo ist der Bräutigam?

Wo ist der Besuch?

Der Tanz der Puppen

von René Simmen

Der Reiz eines jeden guten Puppenspiels ist ein Phänomen, welches für Puppenspieler und Publikum gleichermaßen unerklärlich erscheint: Die Puppe erwacht während des Spiels zum Eigenleben. Unbegreiflich für den Puppenspieler: Er fügt sich ausführend den Wünschen der Puppe, es ist ihm, «als ob die Spielinitiative von den Figuren übernommen erscheine und er (der Puppenspieler) die Puppen nach deren Intentionen führe» (Max Bührmann).

Unglaublich auch für den Zuschauer: Die Puppe wird zur selbständig agierenden Gestalt, die Fäden der Marionette, die Stäbe der Schattenfigur oder auch der schwarzgekleidete Puppenbeweger im japanischen Bunraku-Spiel werden für ihn unsichtbar.

Diese Illusion wird jedoch nicht erreicht durch eine realistisch-naturalistische Gestaltung der Puppe, sondern gerade durch Abstrahieren: Typische Charakterzüge werden vom Puppen- und Figurenmacher betont, Hände und Kopf bis zu einem Drittel größer ausgeführt, als sie den menschlichen Maßen entsprechen. Anstelle von Haaren wird Pelz, Wollfaden, Schnur gesetzt. Bei den Augen wird meist auf eine Glasimitation verzichtet, und es werden vorzugsweise Nickelknöpfe oder -nägel verwendet, welche die Lichtreflexe besser spiegeln, wodurch das Puppenauge menschlich wirkt.

Aber auch die abgezirkelten mechanistischen Bewegungen der Puppe vermögen den Eindruck der Realität zu verstärken. Keine Schauspielerin kann Liebe so zart und anmutig ausdrücken, wie es die Marionette vermag und niemals wird man einen Schauspieler sehen, der so stolz und anmaßend den Kopf wirft

Die Handpuppe.

oder sich demütig zum Kotau beugt, wie eine chinesische Schattenfigur.

Die Forderung der deutschen Romantiker, man möge das Menschentheater durch Marionetten ersetzen, ist also gar nicht so abwegig. In Asien konnte das Puppentheater denn auch eine bevorzugte Stellung gegenüber dem Menschentheater erringen – ja, es wurde sogar dessen Vorbild: Die japanischen Kabuki-Darsteller mußten Spielmanier und Aussehen der Bunraku-Puppen übernehmen, um Erfolg zu haben.

Im Unterschied zu einer solchen, sichtbaren Emanzipation der Puppe liegt das andere Phä-

Erstes Dokument. eines Handpuppenspiels 1344.

Tanz des koreanischen Mädchens mit dem Großvater.

nomen, die Macht der Puppe über den Puppenspieler, in weniger faßbarem Bereich als dem der optischen Scheinwirkung, die der Puppenspieler ja zweifellos kennt. Wie bereits in den Anfängen des Puppenspiels Medizinmänner und Priester sehr wohl um die Wirkung beweglicher Götzenbilder oder auch segnender oder gar blutender Jesusfiguren auf die Gläubigen wußten, ohne selbst diesem Trug zu unterliegen.

Es wäre nun denkbar, daß der Puppenspieler sich dort der Puppe unterordnet, wo er sich mit deren Rolle identifiziert, gewissermaßen sich deren Aufgabe zu eigen macht. Der Dalang, der Figurenführer des indonesischen und malayischen Schattenspiels Wayang-kulit, erreicht diese Identifikation über eine Art Trance: «Er singt, spricht, schreit . . . und gerät zunehmend in den Wirkungskreis seiner Figuren. Bald ist die Identifizierung perfekt, und es ist nicht mehr der Dalang, der spricht, sondern die Stimme des handelnden Helden, der sich seiner als Mittler bedient.» (Jacques Brunet.) Diese Wandlung überträgt sich auch auf die Zuschauer. Wo sie jedoch nicht zustande kommt, beispielsweise bei einem im Fernsehen gezeigten Puppenspiel, wirkt die Aufführung künstlich und unbeholfen. Das eingangs erwähnte Phänomen ist also mindestens so überzeugend aus einem magischen Einvernehmen zwischen Puppenspieler und Zuschauer deutbar wie als optische Illusion.

Die Magie des Schattens

Wie so viele reizvolle und tiefgründige Spiele mit eigener Tradition sind auch die Schattenspiele durch die modernen Medien verdrängt worden. Nur das kindliche Spiel der bewegten Hände im Licht mag etwas von der tiefen Faszination der hervorgezauberten dritten Dimension wieder erstehen lassen.

Der Ursprung dieser Spiele liegt im Orient, in Indien, später Java mit den hochstilisierten Figuren. Von dort werden sie über Bali, Siam, China nach Persien und der Türkei weitergegeben. Die wachen Märchenerzähler des Mittelmeeres, insbesondere die Marokkaner, machten das Schattenspiel populär und gaben ihm die verschiedensten Formen. Im 17. Jh. werden die «Ombres chinoises» nach Frankreich gebracht. Von dort wandern sie im 18. Jh. als «Ombres parisiennes» nach Amerika.

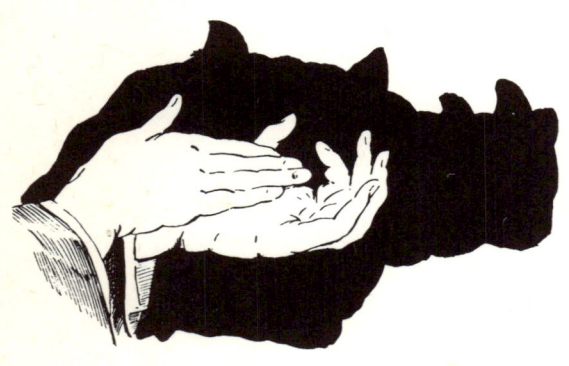

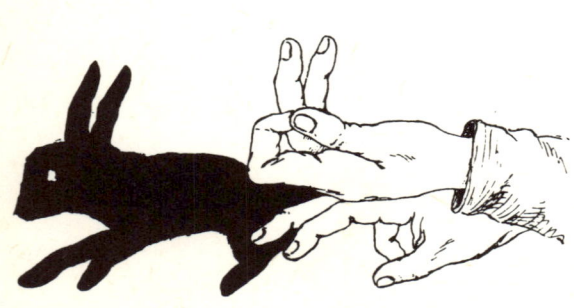

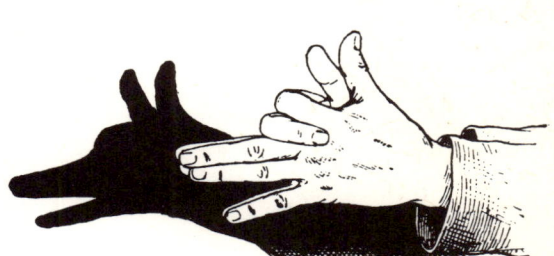

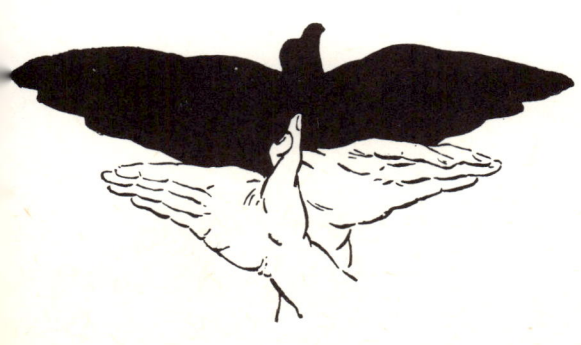

Verzerrte Wirklichkeit

1

Im 16. und 17. Jahrhundert begeistern sich Theaterarchitekten, Bühnenbildner, Regisseure für Triumphempfänge, Landschaftsgestalter und viele andere hochbegabte Effektmeister und Trick-Virtuosen für den ingeniösen Zauber der Anamorphose. Es handelt sich hierbei um eine gesetzmäßig verzerrt gezeichnete Darstellungsweise, die mit Hilfe zylindrischer Spiegel, geschliffener Gläser oder auch nur durch eine Sichtwinkelveränderung unverzerrt wahrgenommen werden kann. Der Erfinder scheint Leonardo da Vinci gewesen zu sein. Abb. 1, eine seiner «abstrakten» Zeichnungen aus dem Codex atlanticus, zeigt acht Linien, die, fast tangential in der Bildebene von links betrachtet, sich zu einem Kinderporträt zusammenziehen.

In den beiden Vexierbildern von Ehard Schön um 1535 (Abb. 4; 5) stehen wir zunächst vor einer scheinbar naturalistischen Darstellung, deren Mitte jedoch schwer verständlich und unergründlich scheint. Von der Seite gesehen läßt sich dieses Geheimnis entschleiern, während die naturalistischen Randmotive zur bedeutungslosen Dekoration zusammenschrumpfen.

Damit wird der Charakter der Anamorphose deutlich: die Umkehr aller Dinge. Zuerst zeigt das Bild die Auflösung der Welt in Erscheinungen, «Ideen», schwer deutbar und schwer mitteilbar, bis durch die Drehung die optisch wahrgenommenen Hieroglyphen aus der Idee-Konstruktion zur erkennbaren Welt zurückgebildet werden.

2

Abb. 2: Anamorph überlängte Schrift: Auch das Stopp-Gebot auf unseren Straßen wird in dieser Weise auf den spitzen Blickwinkel des Automobilisten abgestimmt.

Abb. 3: Mit dem Fischaugenobjektiv betrachtet: Die Liegende.

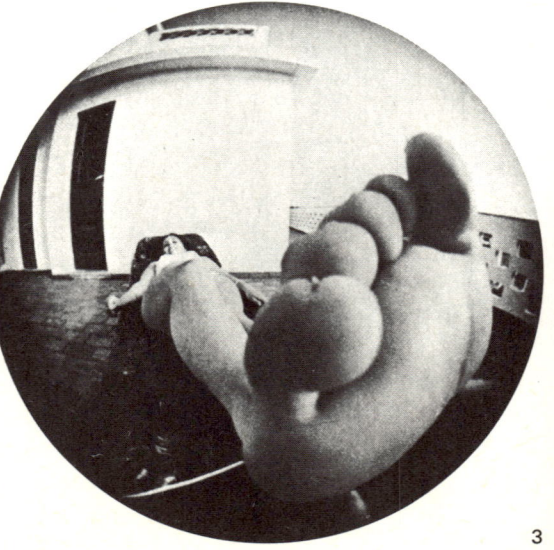

3

4

5

Anamorphe Bilder

Hans Holbein stellt in seinem Gemälde der «Gesandten» 1533 Jean de Dinteville und den Bischof George de Selves dar (Abb. 4). Gleichzeitig deutet er aber auch seine Ahnung vom baldigen Tod des Gesandten am englischen

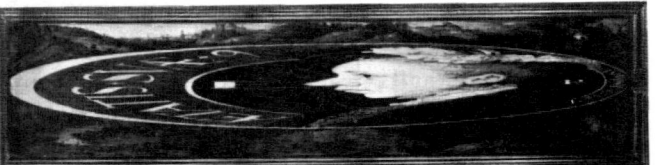

Hof durch eine Figur am unteren Gemälderand an, die erst durch die Drehung des Bildes als Totenkopf wie ein Phantom in einer andern Raumebene herausklappt.

Hin und wieder begegnen wir Reproduktionen dieses Bildes, wo der gewissenhafte Retuscheur mit rührendem Eifer den störenden «Fleck» vom Boden entfernt und durch das schlangenartige Intarsienmuster ersetzt hat.

Meditationen und Spiele dieser Art liegen uns heute weniger. So verschwinden auch die ehemals beliebten Zerrspiegel (Abb. 2) an Ladeneingängen. Der Zylinderspiegel (Abb. 5), früher eine Attraktion der Jahrmärkte und Schaubuden und heute nur selten noch in Museen anzutreffen, zaubert aus der verzerrt angelegten Unterlage einen richtigen Kobold.

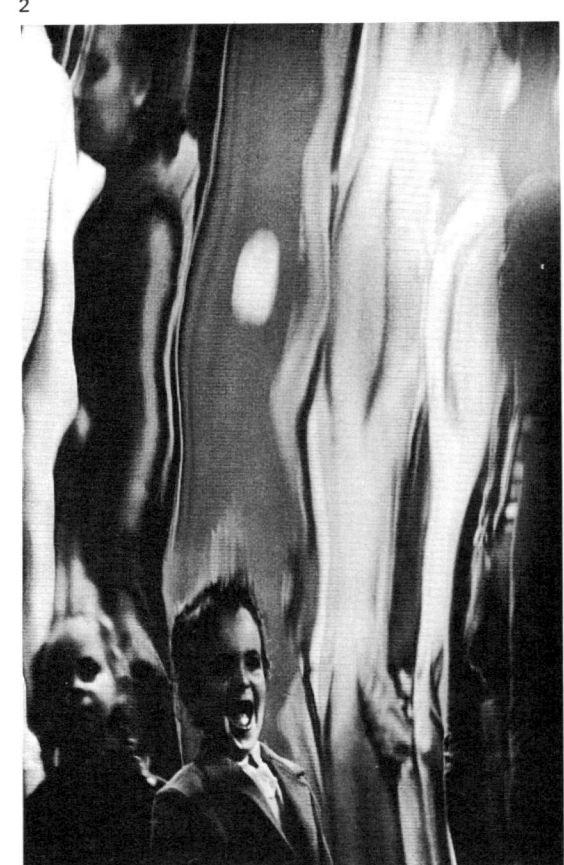

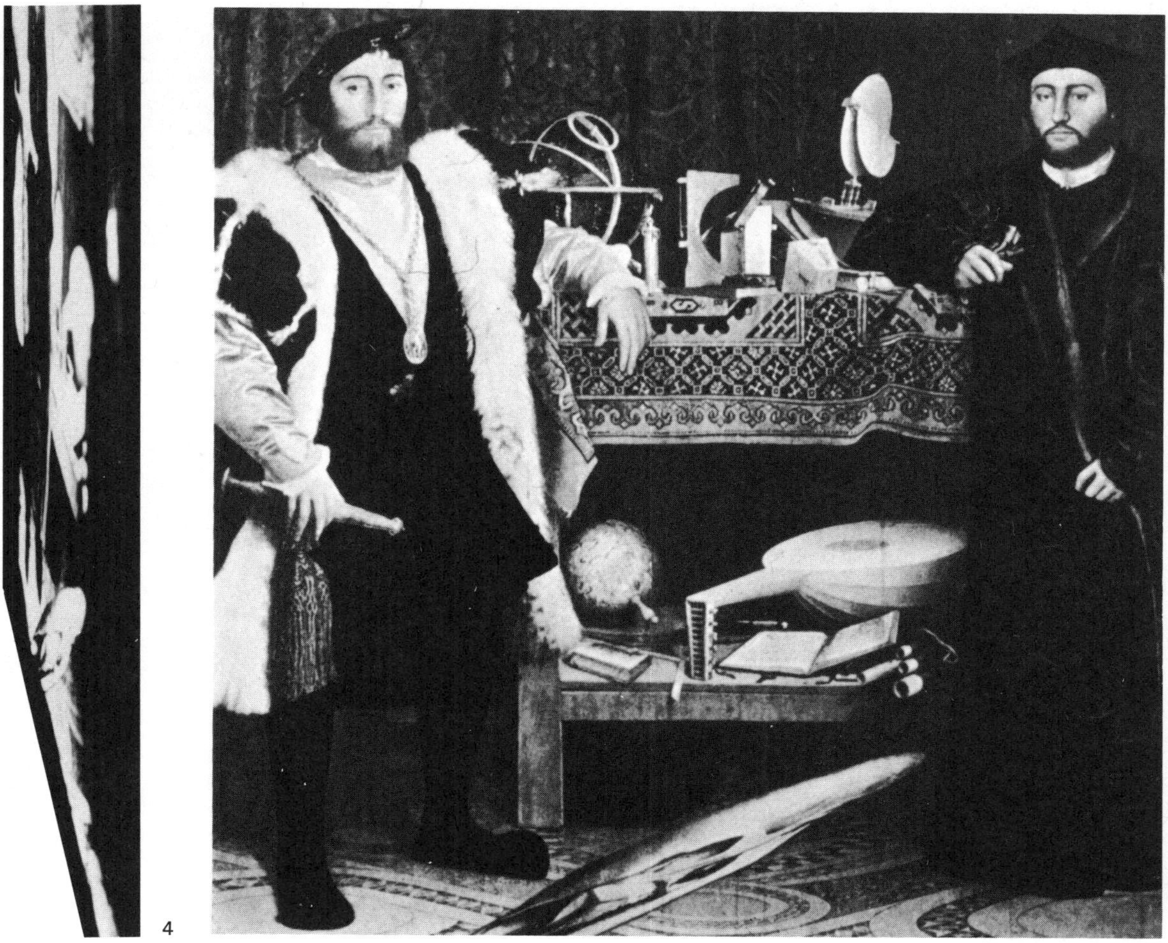

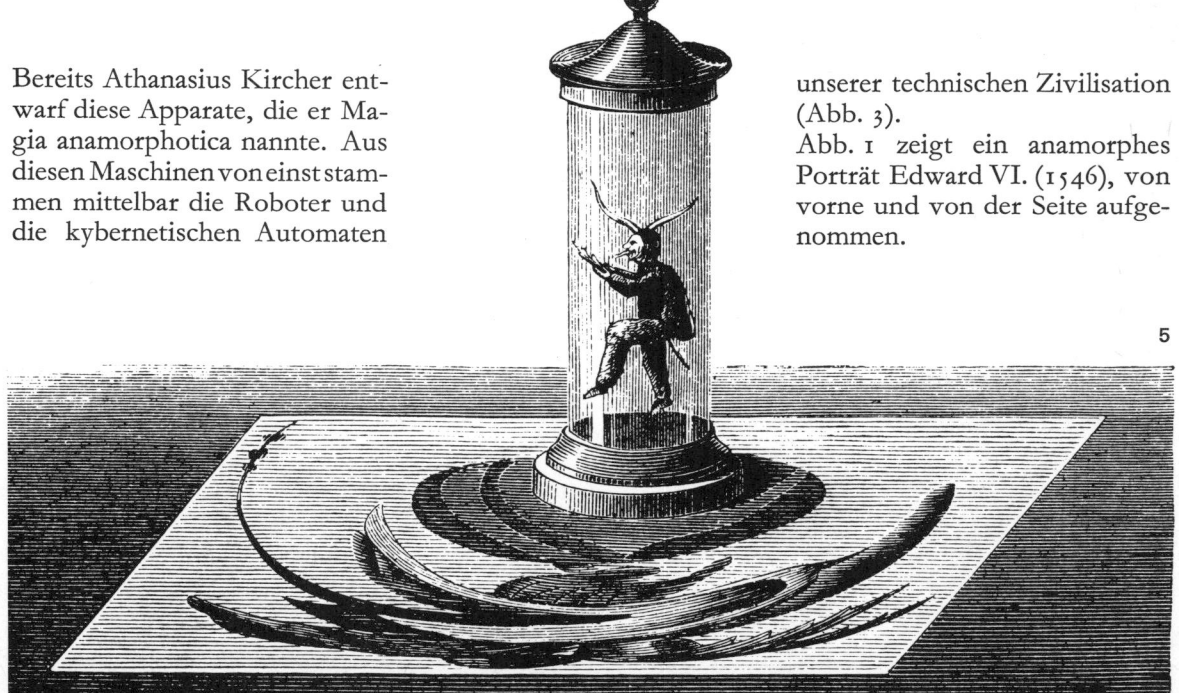

4

5

Bereits Athanasius Kircher ent-
warf diese Apparate, die er Ma-
gia anamorphotica nannte. Aus
diesen Maschinen von einst stammen mittelbar die Roboter und
die kybernetischen Automaten

unserer technischen Zivilisation
(Abb. 3).
Abb. 1 zeigt ein anamorphes
Porträt Edward VI. (1546), von
vorne und von der Seite aufge-
nommen.

Die Fata Morgana

Die Bezeichnung für diese märchenhafte Erscheinung geht zurück auf die Fee Morgain. Die Überlieferung läßt sie bei Sonnenuntergang aus der kristallenen Tiefe des Meeres steigen, um mit ihren Gespielinnen in tausend bunten Gestalten die Menschen mit Zauberfiguren zu fesseln.

Das feenhafte Spiel, in dem die Dinge durch Luft, Nebel oder Wasser verwandelt werden, geschieht alltäglich, ohne daß es uns besonders auffällt. Die Lichtstrahlen, die mit einer korrekten Meldung das Objekt verlassen, werden auf dem Wege zu unserem Auge immer in irgendeiner Form gestört, und die Nachricht verliert an «Objektivität», bevor sie unser Auge erreicht.

Wenn das uns vertraute Medium eine normal verschmutzte Dunstglocke über einer Stadt- und Industrielandschaft ist, verblüfft uns der Blick in die klare Weite einer Föhn- oder Schneelandschaft. Die klare Sicht, die ungewohnte Fülle an Details in der vom warmen Fallwind entfeuchteten Atmosphäre hebt die abgestuften Farben und Formen der Tiefe auf; die feuchtigkeitsbindende Kälte des Winters und das Verschwinden der Einzelformen unter der Schneedecke entziehen uns den Maßstab. In beiden Fällen sind wir nicht mehr imstande, Distanzen, Größen und Proportionen richtig zu schätzen. Steht die Sonne tief, so kann sie scheinbar kolossale Schatten hochstehender Objekte auf eine Nebelwand projizieren. Das Bild wird wegen der Überschätzung seines Abstandes für größer gehalten als es ist. In dieser

Erscheinung liegt die Erklärung des «Brokkengespenstes» aus dem Harz (Abb. 1). Fata Morgana wie Kimmung sind Luftspiegelungen (Abb. 2), bei denen das Licht oft mehrfach durch abwechselnd warme, lockere und kalte, dichte Luftschichten gebrochen wird. In dem dichteren Medium des Wassers (Abb. 6) wird der Lichtstrahl anders gebrochen als in der Luft. Die Ablenkung der Lichtstrahlen sehen wir deutlich bei Gegenständen, die aus dem Wasser ragen, einem Löffel im gefüllten Glas

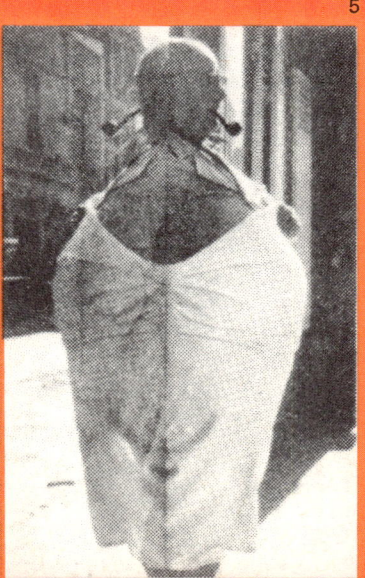

3

oder beim eigenen Bein in der Badewanne.
Kommen wir als Fremde in ein anderes Medium, müssen wir unsere Sehweise wie die Astronauten auf dem Mond oder die Taucher im Wasser aufgrund neuer Erfahrungen anpassen, um die Dinge in ihrer Form, Größe und Distanz richtig zu begreifen.

Die Tücke der Spiegelung kann man feststellen bei dem Versuch, auf einem beschlagenen Spiegel die eigene Kopfgröße mit dem Finger nachzuzeichnen. Der kleine Umriss wird uns

verblüffen, bis wir begriffen haben, daß die Entfernung unseres Abbildes zweimal größer ist, als wir glaubten. Beim Palazzo Vecchio in Florenz und bei dem Türsteher (Abb. 4, 5) haben wir Mühe, unsern Standort zu rekonstruieren. Bei den gegenüberstehenden Spiegeln (Abb. 3) wird der mathematische Begriff der geometrischen Progression vorgeführt: Das Bild des einen Jungen wiederholt sich, jedesmal um die Hälfte kleiner, bis ins Unendliche, aber verschwinden kann es nie.

4   5   6

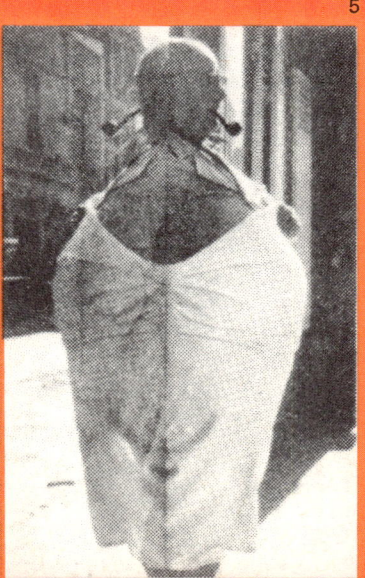
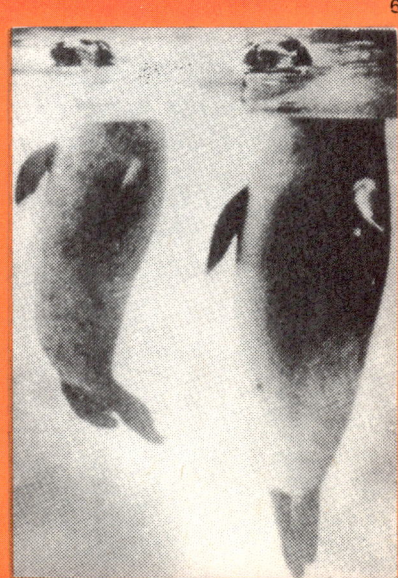

Der blinde Fleck

Me cha nöd de Feufer und s'Weggli ha

Die Schweizer Redensart stammt noch aus der Zeit, da der Fünfer der Gegenwert für das «Weggli» war. Sie bedeutet, daß man nicht alles haben kann. So sieht auch unser Auge nicht den ganzen Bildausschnitt. Im Gesichtsfeld eines jeden Auges ist ein Loch, da an der Einmündung des Sehnervs in die Netzhaut, wo alle Endäste der Sehnervenfasern zusammenlaufen, die Sehzellen auf einem etwa 1,2 mm großen Kreise fehlen. In 30 cm Abstand vom Auge «verschwindet» bereits eine Briefmarke, in 4 m Entfernung ein Menschenkopf, und in 20 m Distanz wird ein Bezirk ausgelöscht, der 100mal größer ist als die Vollmondscheibe. Diese erstaunliche Sehlücke wurde verhältnismäßig spät entdeckt. Erst 1668 erregte der Physiker Mariotte mit seiner verblüffenden Demonstration des blinden Flecks großes Aufsehen am Hofe des englischen Königs, indem er die Gesellschaft damit belustigte, die Minister «kopflos» zu machen. Den gleichen Versuch können wir mit dem Fünfer und dem Wecken auf dem schwarzen Band machen: Decken wir das rechte Auge mit der Hand zu und fixieren die rechte Figur aus etwa 40 cm Entfernung, so verschwindet die linke Figur. Das schwarze Band wird durchgehend schwarz gesehen. Eine andersfarbige Unterlage würde entsprechend ergänzt. Diese Retouche wird vom Hirn vorgenommen, das gewohnheitsmäßig diese Lücken mit dem zunächstliegenden Bildinhalt ausfüllt. Weil unsere Augen immer in Bewegung sind, ist das Hirn fast immer hinreichend über das Gesamtbild orientiert und fähig dazuzudenken, was allenfalls in einem gegebenen Moment für das Auge nicht sichtbar ist.

Irradiation

Nur wenige «optische» Täuschungen sind Falschmeldungen des Auges. «Unsere Sinne täuschen uns nicht; nicht weil sie richtig urteilen, sondern weil sie gar nicht urteilen» (Kant).

Helle Figuren erscheinen größer als dunkle, beispielsweise scheint uns die blendende Sonnenscheibe größer als der von ihr blaß angestrahlte Mond, obwohl beide nur einen halben Bogengrad messen. Wird ein starker Lichtreiz auf die Netzhaut projiziert, so werden nicht nur die von ihm direkt getroffenen Zellen alarmiert, sondern auch die angrenzenden, da die Zellen jeweils in Meldegruppen zusammengefaßt sind. So sind an einem Lichtalarm im Verhältnis mehr Zellen beteiligt als bei einer entsprechend großen Schattenmeldung.
Sehen wir eine helle Figur auf dunklem Grund, so wird der Weißalarm über die Trennungslinie zwischen Hell und Dunkel auf unserer Netzhaut in den ruhigen schwarzen Bereich hineingetragen.
Eine Gruppe weißer Kreise überstrahlt bienenwabenartig den dunklen Hintergrund, wenn wir sie aus großer Entfernung betrachten oder wenn wir das Auge auf große Distanz einstellen. Wegen dieses Irradiationseffektes werden in der Architektur Silhouetten auf hellem Hintergrund überdimensioniert, beispielsweise das Viergespann auf dem Brandenburger Tor in Berlin.
Bei der Gittertäuschung sehen wir die weißen Streifen weißer als sie sind, während die Kreuzstellen sich grau abheben. Zwischen den einzelnen Quadraten hebt sich das Weiß in der Nachbarschaft von viel Schwarz kontrastreicher ab, während das Weiß an den Kreuzstellen bei einer weniger großen Schwarzkonkurrenz nicht mehr so stark irradiiert und deshalb als Grau empfunden wird.

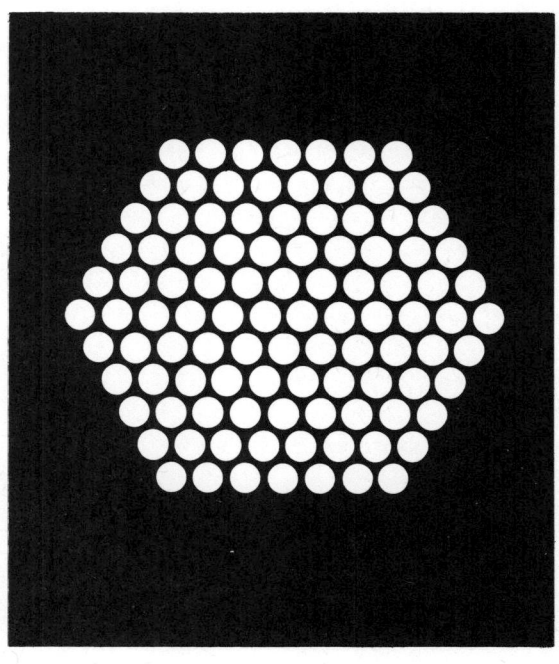

Seh-Unschärfen

Die Hornhaut unseres Auges ist im horizontalen Durchmesser schwächer gekrümmt als im vertikalen und macht es uns unmöglich, waagrechte und senkrechte Linien einer Fläche gleichzeitig scharf zu sehen. Lassen wir das Auge auf einer der drei unteren Figuren ruhen, so sehen wir Ausschnitte der Kreislinien unscharf. Bewegen wir das Buch in kleinen Kreisen, so passieren die Kreislinien die stärker und schwächer gekrümmten Hornhautquadranten und erscheinen abwechselnd scharf und unscharf: Die Scheiben scheinen sich zu drehen. Legen wir die auf Transparentseite 1 abgebildeten Kreise während dieser Operation *neben* das kreisende Buch, so werden die konzentrischen Kreise sich im gleichen Rhythmus mit der Buchfigur drehen.

Bei der Geburt ist das Auge zu kurz. Das Fernbild liegt hinter der Netzhaut, das Auge ist übersichtig. Während der Jugend wächst der Augapfel, und das Fernbild rückt langsam in die Netzhaut: Das Auge wird normalsichtig. Wächst das Auge zu sehr in die Länge, so wandert das Fernbild *vor* die Netzhaut: Es ist kurzsichtig.

Akkommodation

Ein Ringmuskel verändert die Krümmung der Linse und regelt die Tiefenschärfe des Bildes. Das Kind vermag durch Akkommodation den nächsten Punkt scharfen Erkennens auf 4–6 cm an das Auge heranzuschieben. Mit zunehmendem Alter

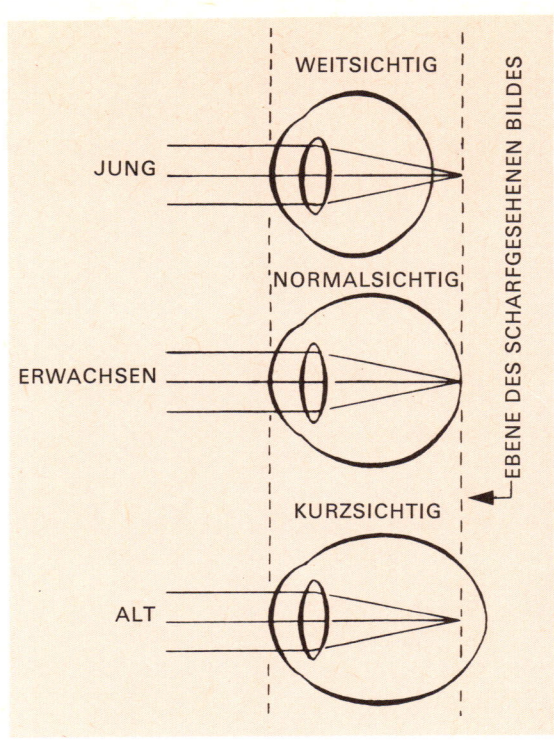

verliert die Linse ihre Elastizität. Der Dreißigjährige sieht die nebenstehende, gegen das Auge flüchtende Skala bis hinunter auf 10 cm scharf, der Vierzigjährige bis ca. 15 cm, der Fünfundvierzigjährige bis ca. 20 cm. Mit Siebzig ist die Linse starr, das Auge ist alterssichtig geworden.

Die Nachbilder

Die Nachbilder sind Ermüdungserscheinungen der Sehzellen bei einem Überangebot an gleicher Farbe. Dies tritt ein, wenn wir längere Zeit das gleiche Bild ohne Augenbewegung auf die Netzhaut wirken lassen. Fixieren wir bei gutem Licht 10–20 Sekunden im farbigen Frauenporträt den Mund und wechseln wir den Blick hinüber zum unbemalten Bild, so erholt sich das Auge, indem es den Hintergrund in komplementärem Grün empfindet und das weiße Gesicht im Kontrast dazu erröten läßt. Besonders reizvoll wird das Spiel der Nachbilder, wenn wir als Unterlage für den «Entspannungsblick» verschiedene Farben benutzen. Fixieren wir bei grellem Licht etwa 30 Sekunden lang das Negativbild und wechseln den Blick rasch auf die Markierung des freien Feldes hinüber, so entsteht das «sehzellenerholende» Umkehrbild, und wir erkennen das dargestellte Porträt.

Was uns direkt vor der Nase liegt, sehen wir nicht, ohne zu schielen. Mit dem Brückenbild können wir dies beweisen: Nähern wir die Nasenspitze dem weißen Mittelteil, so schließt sich die Brücke.

*Drei Graphiken von
N. Snearl aus der
Sammlung «Falsche Irr-
tümer». Diese Dar-
stellungen gehören zu den
eindrücklichsten geo-
metrisch-optischen
Täuschungen. Während
der letzten Jahre tauchten
sie unter den verschie-
densten Künstlernamen auf.
Ihr Urheber ist jedoch der
englische Psychologe
J. Frazer, der diese
Täuschungsmotive in
seiner umfangreichen Ab-
handlung «A New Visual
Illusion of Direction» im
British Journal of
Psychology, Cambridge
1908, untersuchte.*

Konzentrische Kreise

Verfolgen wir die Linie mit einem Zirkel, so können wir uns davon überzeugen, daß wir nicht wirr ineinander verschachtelte Ellipsen oder Spiralen und abgeplattete Kreise vor uns haben, sondern tatsächlich perfekte, konzentrische Kreisgruppen. Charakteristisch für diese Täuschungsfiguren ist, daß wir uns durch keine Beweisführung und durch keine noch so intensive Vorstellung der wirklichen Verhältnisse vom falschen Eindruck befreien können.

Wie weit das Auge und wie weit das Hirn an der Fehlinterpretation beteiligt sind, können wir nicht entscheiden. Der Grund der Urteilstäuschung liegt jedenfalls in der Darstellung der Kreise, die nicht durchgehend ausgezogen sind, sondern zusammengesetzt aus einem Schwarzweißmuster mit angehängten Dreiecken.

Die wenigsten von uns wissen, daß unser Auge merkwürdigerweise nie ganz ruhig steht. Es führt, selbst bei einer konzentrierten Fixierung eines Punktes, unwillkürliche Zitterbewegungen aus. Für die Deutung des gesehenen Bildes durch das Hirn ist nun nicht mehr nur das Bild, das auf die Netzhaut fällt, wichtig, auch die Tätigkeit der drei Muskelpaare, die jedes Auge bewegen, wird für die Interpretation der Wahrnehmung mitherangezogen. Weil die Kreissegmente unser Auge gegen das Bildinnere oder den Bildrand hin abdrängen, wird gerade diese Ablenkung als Eigenschaft des Bildteiles in unserem Hirn auf das ganze Bild übertragen: Die konzentrischen Kreise werden in eine unregelmäßige Konfiguration umgedacht.

Magie der Bewegung

Die Schönheit und Gesetzmäßigkeit komplizierter Pendelbewegungen (Abb. rechts) entdecken wir erst mit dem geduldigen Kameraauge, welches uns den ganzen Schwingungsablauf aufzeichnet. 20 bis 25 Einzelbilder in der Sekunde erzeugen für unser Auge als flüssige Bildfolge die Illusion der Bewegung. Beim raschen Durchblättern der Buch-Ecken von Seite 71 zurück bis Seite 13 fließen die Bilder von Roß und Reiter zum Kurzfilm zusammen. Auge und Hirn haben nur ein beschränktes zeitliches Auflösungsvermögen. Bei ansteigender Geschwindigkeit verwischt das Objekt ähnlich wie eine geschwungene Fackel, die zum Lichtkreis führt (Abb. oben). Die Eleganz eines Sprunges registrieren wir mit bloßem Auge nur in seinem großen Schwung. Bei hohen Geschwindigkeiten löschen besonders die lichtarmen Objekte allmählich bis zur Unsichtbarkeit aus, wie ein Geschoß, das für unser Auge nicht mehr existiert (Abb. unten).

Die Pendeltäuschung von Pulfrich

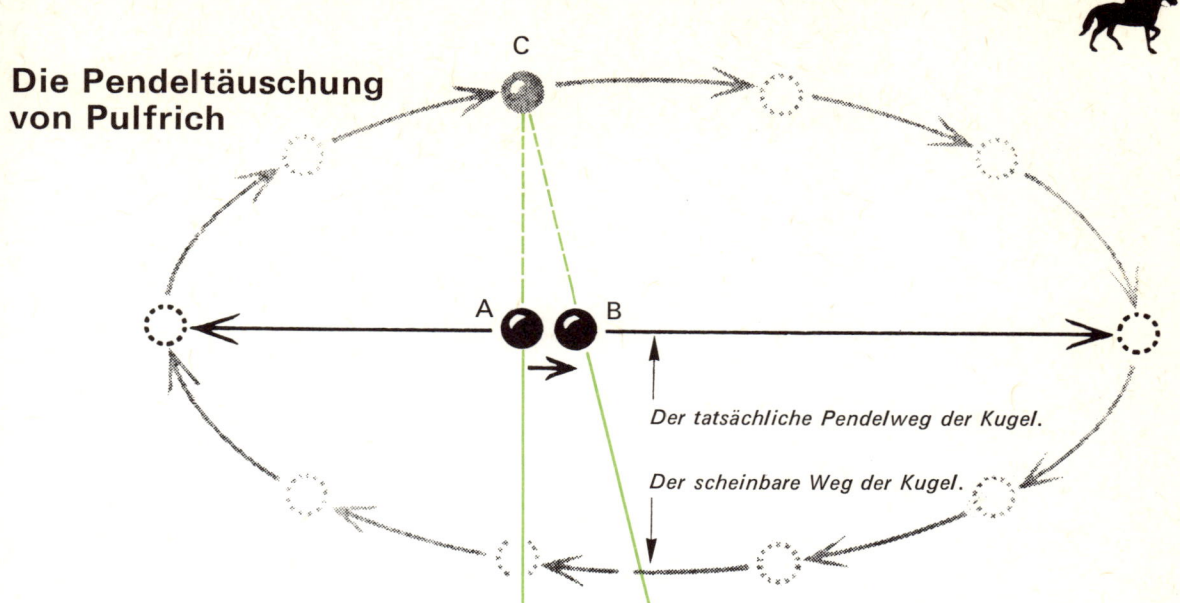

Der tatsächliche Pendelweg der Kugel.

Der scheinbare Weg der Kugel.

Das Experiment kann sehr leicht durchgeführt werden unter der Voraussetzung, daß man zwei sehtüchtige Augen hat. Sein Entdecker jedoch war bemerkenswerterweise auf einem Auge blind! Man läßt ein 1 m langes Pendel, am besten an einer dünnen Schnur, senkrecht zur Sehachse hin- und herschwingen. Bedeckt man eines der beiden Augen mit einem dunklen Glas, einer Sonnenbrille oder einem belichteten Film, scheint das Pendel nicht mehr in der gleichen Ebene zu schwingen, sondern beschreibt eine Ellipse. Bei einem grell erhellten Pendel auf schattigem Hintergrund kann sich sogar die Illusion einer kreisähnlichen Bewegung aufdrängen. Es scheint, daß sich das Hirn durch das Angebot von zwei verschieden hellen Netzhautbildern zu dieser Schlußfolgerung bringen läßt. In der Tat ist ein abgedunkeltes Auge etwas langsamer mit seiner Meldung als das nicht behinderte. Ist das Pendel in der Position B, wird es vom rechten Auge entsprechend signalisiert, während die Meldung des linken Auges nicht «augenblicklich» geschieht und im Hirn mit einer Verspätung ankommt, welche der Position A entsprechen würde. Da das Hirn nun weiß, daß es nicht mit 2 Kugeln zu tun hat, muß es versuchen, die Meldung A und B zu einer Kugel zu superponieren, und das gelingt nur in der Position C. Die nachhinkende Meldung des linken Auges erzeugt die Wahrnehmung einer falschen Tiefenlage.

Mit einer drehenden Kartonscheibe, welche man durch zwei seitlich angebrachte Schnüre in rasche Drehung versetzen kann, lassen sich zwei Bilder leicht zu einer neuen Situation überlagern: Papagei im Käfig, Geist in der Flasche usw. Auch läßt sich bei sauberem Schneiden der Vorlage eine mosaikartig zerlegte Zeichnung oder ein Photo, oben-unten verkehrt wie nebenstehende Figur auf die zwei Seiten verteilt, wieder zum Ursprungsbild zurückverwandeln.

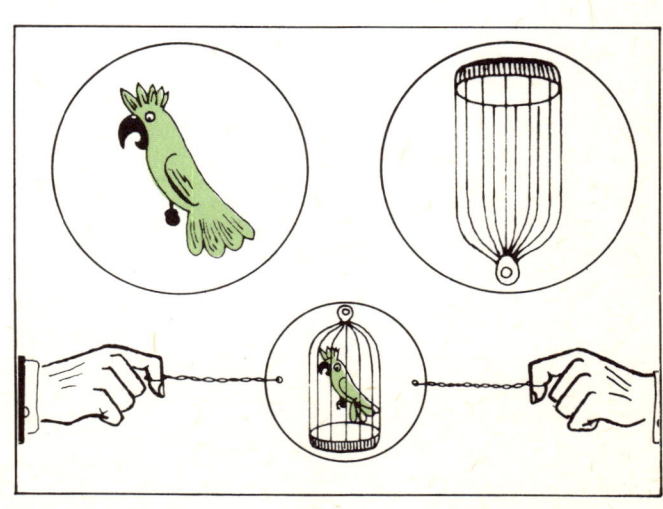

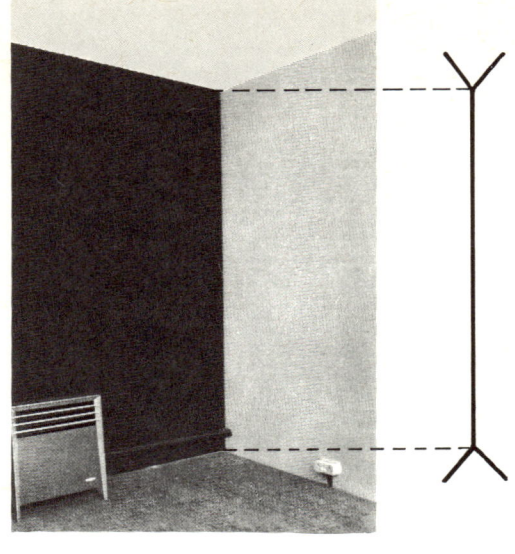

Das Augenmaß

«Unsere Beurteilung von Formen leitet sich deutlich von unserem Wissen oder von unserer Meinung her, die wir von der Stellung der verschiedenen Teile der Gegenstände zueinander haben. Sie stimmen daher oft nicht mit den Bildern im Auge überein, denn diese Bilder enthalten Ovale und Rhomben, wenn wir Kreise und Quadrate sehen.» (Descartes 1637 in seiner «Dioptrique» über die Größenkonstanz der Dinge.) Der dreigeschossige Teil der Gebäudekante und die Zimmerecke sowie die beiden zugeordneten Linien sind alle gleich groß. Die vom Beschauer weg flüchtenden Linien scheinen die betrachtete Strecke zu verkürzen. Die sich öffnenden Fluchten vergrößern sie. Bei dem Zylinderhut wird die Breite der Krempe B–A kleiner als die Höhe des Hutes C–D empfunden, obwohl beide Strecken gleich lang sind. Waagrechte Linien erscheinen uns kürzer, weil die damit verbundene Augenbewegung leichter auszuführen ist als die senkrechte. Stellt man die Aufgabe, ein Quadrat von etwa 20 cm Seitenlänge oder größer freihändig zu zeichnen, so fällt dieses durchschnittlich um $1/30$ bis $1/40$ zu breit aus.

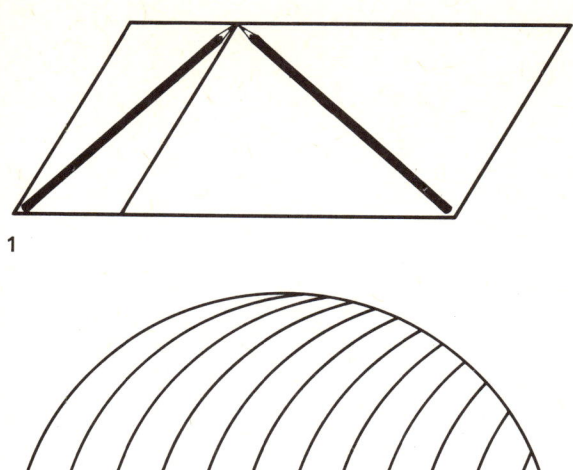

1

2

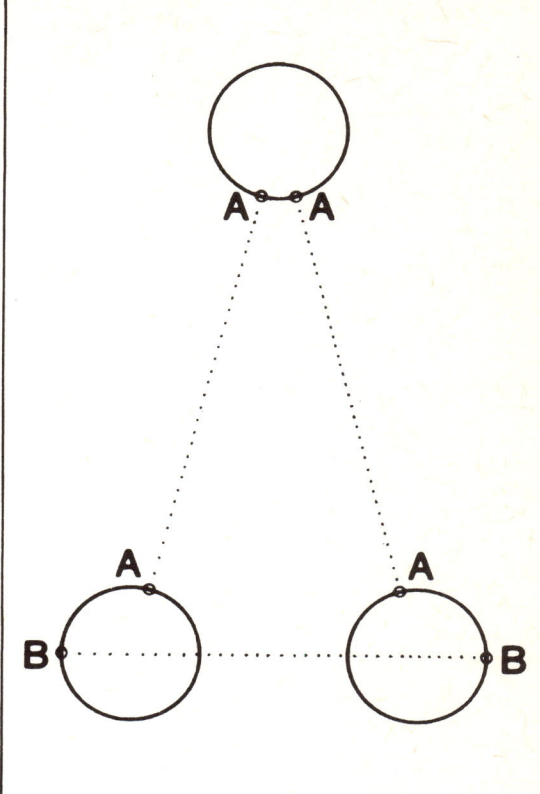

3

Abb. 1: Der geometrische Hintergrund mit seinen zwei verschieden großen Flächenteilen führt uns zu einer falschen Bewertung der gleich großen Bleistifte.

Abb. 2: Die in den Kreis eingeschobenen Bogen drängen den Kreismittelpunkt nach links ab. Rechts liegt das wahre Zentrum des Kreises.

Abb. 3: A–A = B–B. Die Gruppierung der Kreise macht es uns unmöglich, sekundäre Bezüge auch nur annähernd genau einschätzen zu können.

Abb. 4: Unsere Schriftzeichen empfinden wir als ausgewogen, bei einigen nehmen wir an, daß sie symmetrisch sind. Erst wenn wir die betreffenden Lettern auf den Kopf stellen, bemerken wir, wie stark der untere Teil überdimensioniert ist und sind erstaunt, daß dieser Unterschied uns meist nicht zum Bewußtsein kommt.

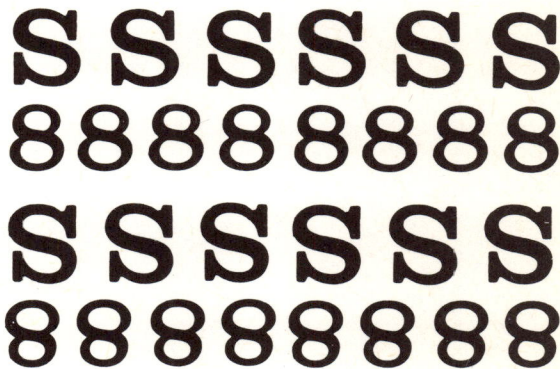

4

. . . und macht manchem ein X für ein U vor

Der Mann mit dem Hut in der Hand

von Carlo Manzoni

Ich kann nicht sagen, wann ich ihn zum ersten Mal sah. Sicher ist es schon sehr, sehr lange her. Zehn Jahre vielleicht oder zwanzig oder auch dreihundert. Es ist schwer, die Zeit zu messen, wenn man zurückdenkt. Und wenn es sich um unwichtige Dinge handelt, ist es noch schwerer, quasi unmöglich, möchte ich sagen.

Die Dinge entfliehen, das ist's. Nur ein vager Eindruck bleibt, als ob man das Etwas, an das man sich erinnern möchte, durch einen dichten Nebel hindurch kaum wahrnimmt, so daß man die Zeitspanne, die uns davon trennt, einfach nicht ermessen kann.

Dann sah ich ihn einige Male wieder, und daran erinnere ich mich deutlich. Bei einem Zaun stehend, auf einer Bank sitzend, an der Bartheke mit aufgestütztem Ellbogen lehnend. Und jedes Mal trug er einen Hut in der Hand.

Oft war's ein grauer Hut, oft ein brauner, aber immer ein Hut.

Was die Gewohnheit so ausmacht! Eigentlich nicht einmal die Gewohnheit, eher die Beharrlichkeit einer Sache. Ich habe mich nicht gut ausgedrückt, und ich glaube, daß ich das, was ich sagen möchte, nicht erklären kann – sehr oft fehlen uns die richtigen Worte, um etwas klarzumachen, und dieses Etwas bleibt dann in der Luft hängen, und wir können es nicht erwischen.

Tatsache ist, daß der Mann keinerlei Wichtigkeit hatte für mich: es war irgendein Unbekannter, ein Mensch wie ein anderer, der überhaupt kein Interesse erweckte. Einer, den man gar nicht ansah; so meine ich's.

Kann sein, daß ich ihn ohne den Hut in der Hand gar nicht bemerkt hätte und ich mich an ihn genausowenig erinnern würde wie an tausend andere Personen, denen ich begegnete und wiederbegegnet bin.

Auch der Hut als solcher hatte keine Bedeutung. Kein Hut hat eine Bedeutung. Wir sehen Tausende von Hüten, mir selbst sind solche aller Arten und Moden untergekommen, aber auch diese Hüte verschwinden spurlos aus unserem Blickfeld.

Zwei ganz unwichtige Dinge also: ein Mann und ein Hut. Nicht daß der Mann etwa keine Bedeutung hatte, alle Männer haben eine Bedeutung, aber für mich war er ein Unbekannter wie viele andere, die in meinem Leben nichts zu suchen hatten.

Ich sah ihn neben einer Frau gehen, und er hatte den Hut in der Hand. Ich sah ihn aus dem Tram steigen, und er hatte den Hut in der Hand. Anfangs wollte der Eindruck dieses Mannes mit dem Hut in der Hand gar nicht in meinem Gedächtnis haften bleiben. Das heißt, es war ein Bild, das ging und kam, ohne eine Spur zurückzulassen. Aber mit der Zeit ließ es eine Spur zurück.

Ich begann, ihn zu beobachten, wenn er bei meinem Fenster vorbeiging, immer mit dem Hut in der Hand. So ist es: wenn Ihnen irgend etwas immer und immer wieder vor Augen kommt, beginnen Sie, es zu beobachten, und dann dringt dieses Etwas in Sie ein, bemächtigt sich Ihrer Gedanken und verläßt Sie nimmer.

Ich begann mich zu fragen, nicht etwa, wer der Mann sei, sondern warum er den Hut immer in der Hand trug. Ich begann weiter zu überlegen, daß er wohl zu Hause einen Garderobenständer habe, um den Hut aufzuhängen, daß er den Hut aber wahrscheinlich nicht aufhängt, sondern auf ein Tischchen legt oder auf einen Stuhl.

Dann dachte ich, daß ihm der Hut vielleicht zu eng oder zu weit sei. Ich begann, seinen üppig behaarten Kopf zu mustern, den Umfang und stellte ihn mir vor, den Hut auf dem Kopf.

Nach und nach gewöhnte ich mich an den Mann mit dem Hut in der Hand. Ich wußte, um welche Zeit er an meinem Haus vorbeikam, wann er die Bar betrat und war nun sicher, ihn immer nur mit dem Hut in der Hand zu sehen.

Bis er mir eines Tages einen Schock versetzte: der Hut war nicht mehr grau, sondern braun und ganz neu.

Neue Gedanken begannen mich zu quälen: ich stellte mir den Mann vor, wie er sich einen neuen Hut aussuchte. Wie er sich mit dem neuen Hut im Spiegel musterte, nicht auf dem Kopf, sondern in der Hand.

Kein Hut, der zu seinem Kopf paßte, sondern einer, der mit seiner Figur harmonierte. Unwichtig, ob er weit oder eng war. Der alte Hut erschien noch hie und da, bei schlechtem Wetter. Auch dann ging der Mann mit bloßem Kopf, knapp an der Wand entlang, um sich vor dem Regen zu schützen . . .

Ich bemühte mich, seinen Gesichtsausdruck zu enträtseln, wenn ich ihn sah, aber seine Miene war immer nur die eines vorübergehenden Mannes.

Ganz sicher dachte er nicht an seinen Hut, den er nicht einmal mit einem kurzen Blick streifte, niemals. Hätte er eine Antipathie gegen Kopfbedeckungen gehabt, mir wäre es offenbar geworden.

Er wirkte ganz gleichgültig. Eines Tages, in der Bar, fiel ihm der Hut aus der Hand, er bückte sich, hob ihn auf, wischte den Staub mit der Hand ab und gab ihm mit kleinen, wohlabgewogenen Bewegungen seine Form wieder.

An alles, was den Hut betrifft, erinnere ich mich jetzt wieder. Ich erinnere mich, wie sich der Mann an einem Sommernachmittag mit dem Hut Kühlung zufächelte, ich erinnere mich an ihn auch im Tram, wenn er den Fahrschein hinter das Hutband steckte.

Ich erinnere mich, daß ich eines Tages den Entschluß faßte, ihm entgegenzutreten und ihn zu fragen, warum er den Hut immer in der Hand trägt. Ich erinnere mich auch, daß ich diesen Entschluß verwarf. Vielleicht, dachte ich, würde ich eine wunde Stelle berühren. Ich stellte mir vor, wie der Mann erst mich ansähe, dann den Hut, wie er in Tränen ausbräche, den Hut wie einen Ball zusammendrücken, ihn mitten auf die Straße werfen würde, mich dann stehen ließe und sich mit eingezogenem Kopf schluchzend entfernte.

Ich tat also nichts.

Bis dann, eines Tages, das Unerwartete geschah, und ich bin mir heute noch nicht klar, wie es geschehen konnte. Im Gegenteil, heute bezweifle ich, daß es wirklich geschehen ist: Ich sah ihn vorbeigehen, mit dem Hut auf dem Kopf, dem braunen, den grauen jedoch trug er in der Hand.

Alle Linien dieser absonderlichen Zeichnung sind gerade und verlaufen parallel. ▶

Die zwei Parallelen

von Christian Morgenstern

Es gingen zwei Parallelen
ins Endlose hinaus,
zwei kerzengerade Seelen
und aus solidem Haus.

Sie wollten sich nicht schneiden
bis an ihr seliges Grab:
Das war nun einmal der beiden
geheimer Stolz und Stab.

Doch als sie zehn Lichtjahre
gewandert neben sich hin,
da ward's dem einsamen Paare
nicht irdisch mehr zu Sinn.

War'n sie noch Parallelen?
Sie wußtens selber nicht –
sie flossen nur wie zwei Seelen
zusammen durch ewiges Licht.

Das ewige Licht durchdrang sie,
da wurden sie eins in ihm;
die Ewigkeit verschlang sie,
als wie zwei Seraphim.

Zum Einpassen →

1

2

3

6

4

5

Angedeutete Fortsetzungen einer überschnittenen Linie können meistens nur mit Hilfe eines Lineals zuverlässig bestimmt werden (Abb. 7). Zur Kontrolle dieser Behauptungen kann das Transparentblatt TR 2 über diese Seite gelegt werden.

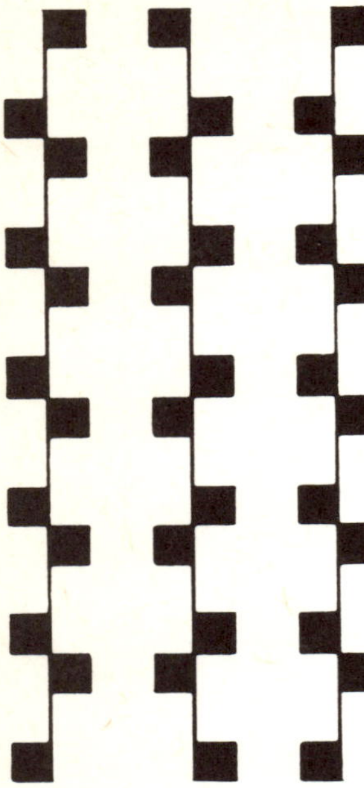

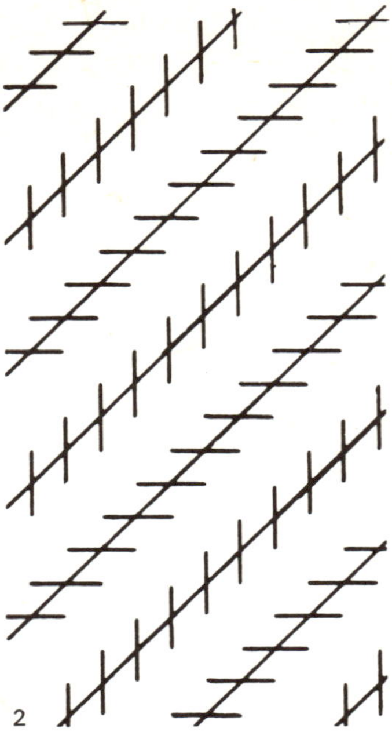

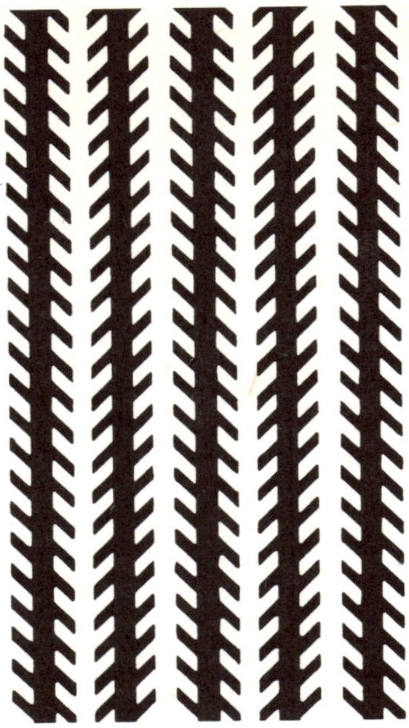

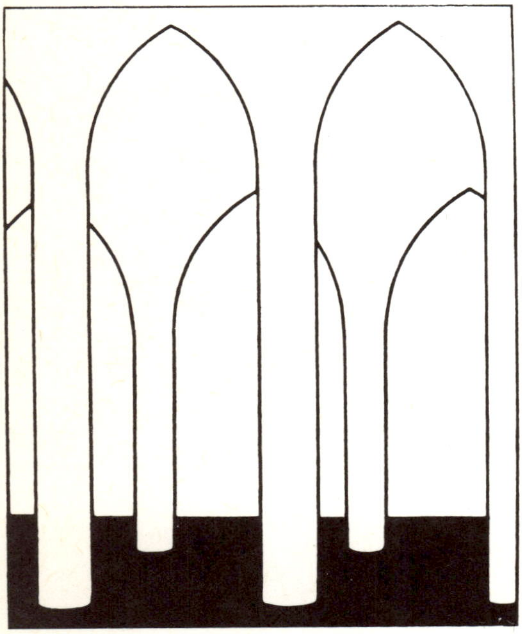

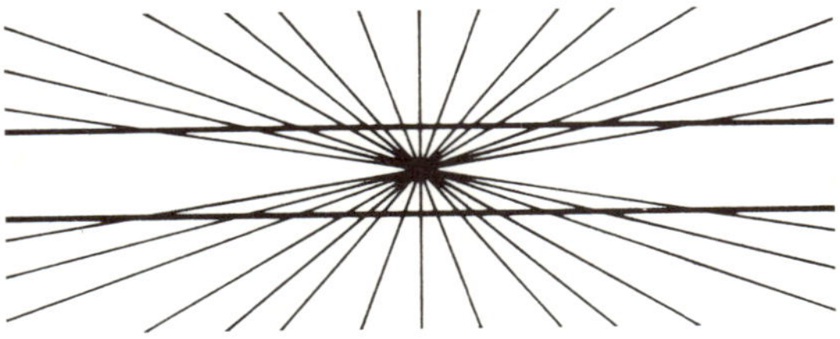

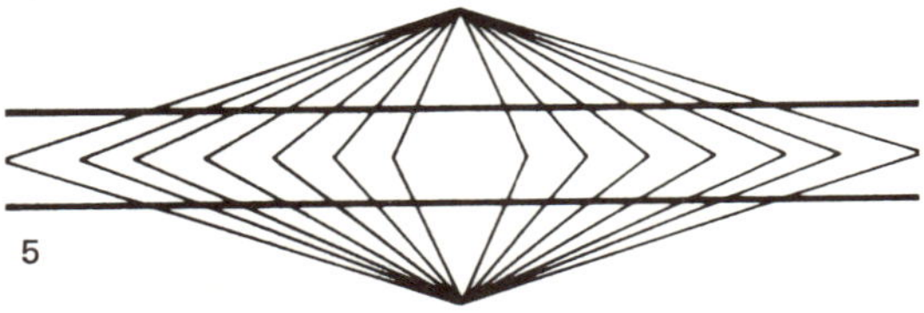

Experimente mit Linien

Zöllner, Lipps, Hering und Poggendorff haben diese Täuschungsmuster untersucht. Die parallelen Linien der Abbildungen 1–5 werden durch die sekundäre Graphik verformt. In einem gotischen Säulengang (Abb. 6) können wir erleben, daß die im Vordergrund stehenden Säulen eine zweite Säulenreihe so verdecken, daß deren Spitzbogen sich nicht mehr symmetrisch zu schließen scheinen. Die sich überschneidenden Konturen leiten das Auge fehl. Schiebt man ein ausgeschnittenes schwarzes Streifenmuster über Linien (Abb. 8), so scheinen diese um so stärker verschoben, je flacher der Winkel ist.

7

8

Zum Einpassen →

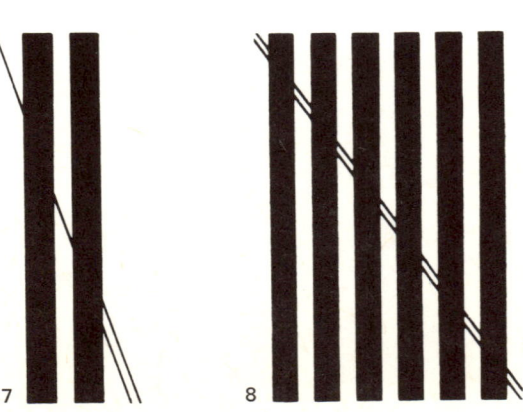

Das mißhandelte Quadrat

Alle unten dargestellten Quadrate sind genau gleich groß, rechtwinklig und geradlinig begrenzt, wirken jedoch konvex, konkav oder prismatisch verzogen. In der Natur werden Auge und Hirn nicht mit derartigen geometrischen Ausnahmesituationen konfrontiert und haben keine Übung, zwei überlagerte und ausgeprägte Muster richtig zu bewerten. Die Eigenschaften von Figur und Hintergrund lassen sich nicht trennen. Das unterschobene Muster gibt gewissermaßen den Stimmungsrahmen ab, wie die Kulissen dem Spiel auf der Bühne.

Man versuche, die nebenstehende Figur durch ein geometrisch starkes Linienbündel eigener Wahl, z. B. Parallelengruppen verschiedener Richtung zu verändern. Das Spiel kann mit den Anhangseiten TR 4 und A 1 auf weitere Figuren ausgedehnt werden.

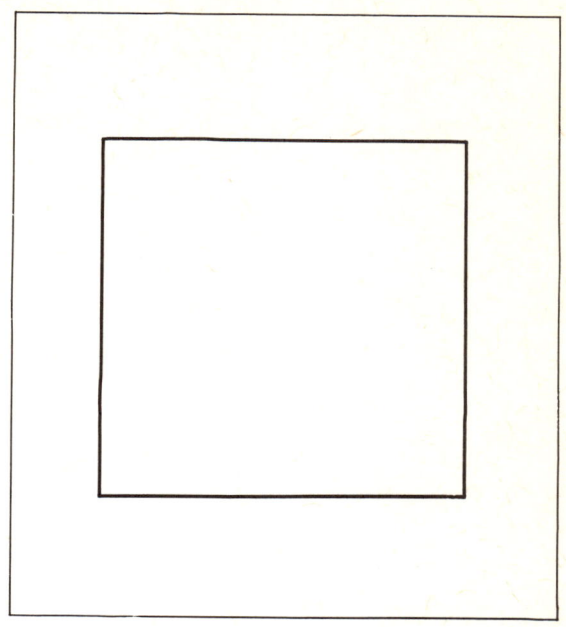

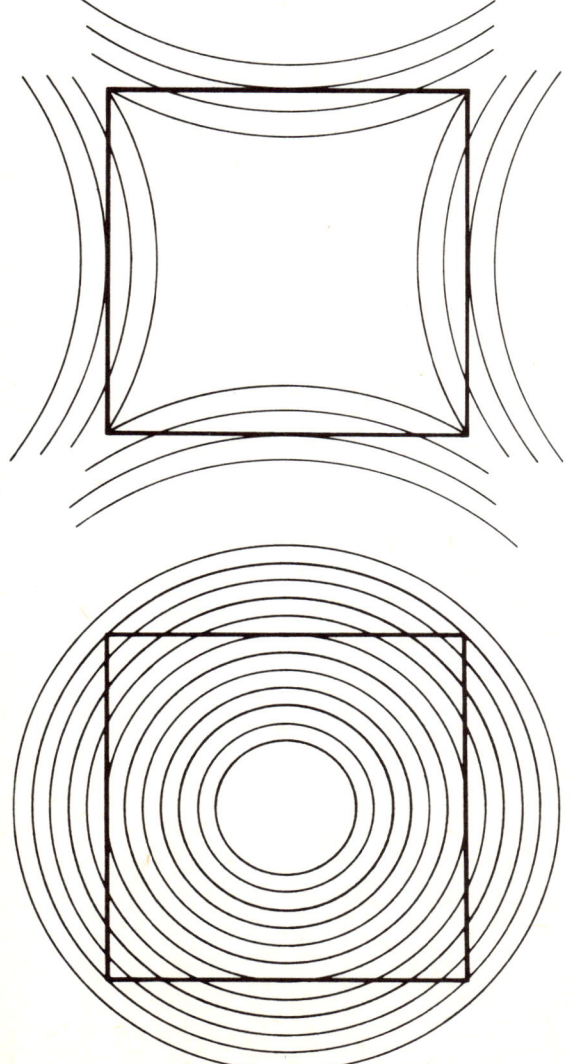

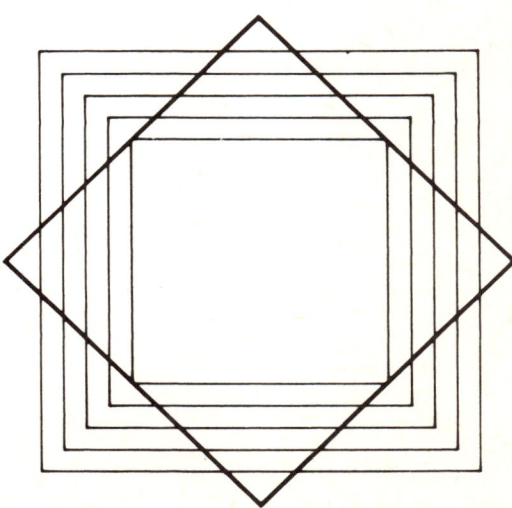

Verborgene Muster

Eine der reizvollsten Täuschungen können wir bei der Überlagerung zweier enger Muster erleben. Wir sind nicht mehr in der Lage, die beiden Vorlagen getrennt voneinander zu erkennen, denn die Durchdringung der zwei verschiedenen Graphiken ergibt für unser Auge eine Sekundärfigur mit vollständig neuen Eigenschaften. Dieser Effekt ist dem Photo-

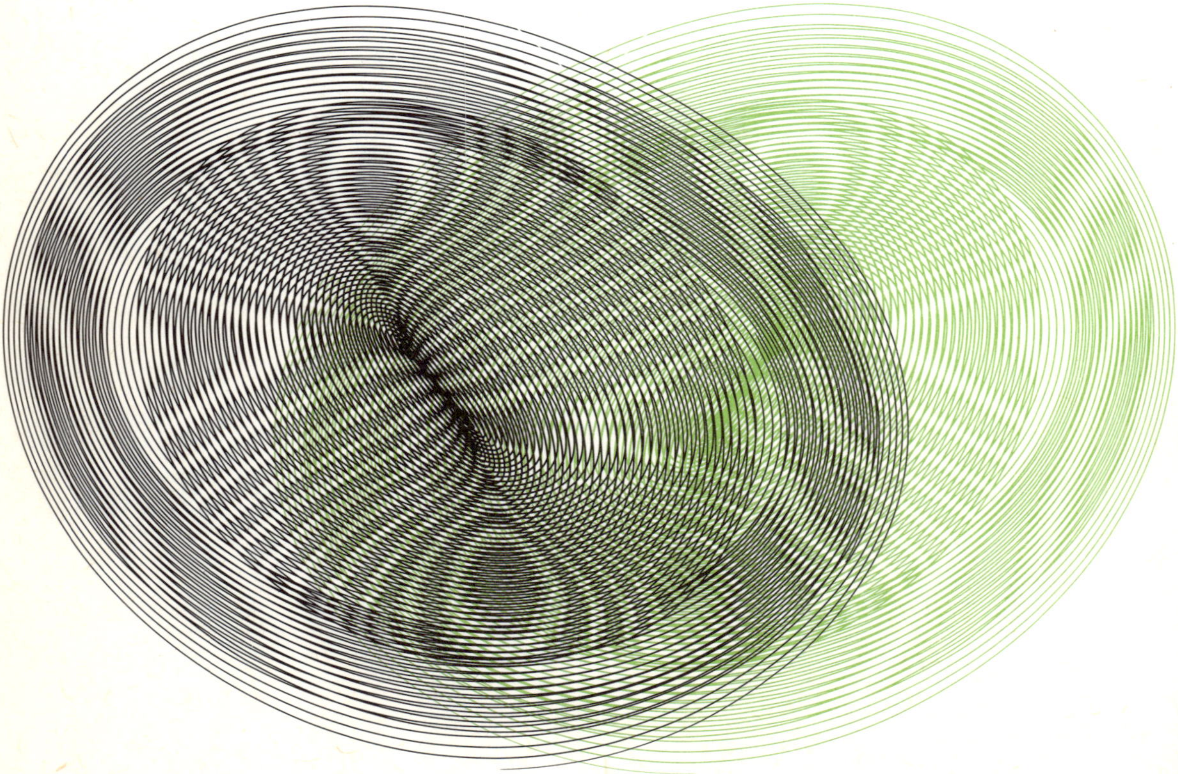

Lithographen auf das Unangenehmste vertraut. Stimmt er die Punktraster der einzelnen Farben nicht genauestens aufeinander ab, so kann das fertige Bild von einem prächtigen Schottenmuster überzogen sein. Diese Muster nennt man «Moiré». Die Bezeichnung stammt aus dem Französischen und bedeutet soviel wie Mohr, geflammtes gewässertes Gewebe. Sie entstehen, wenn beispielsweise zwei große Stücke Seide, mit den rechten Seiten aufeinandergelegt, zwischen zwei heißen Walzen zu-

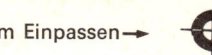
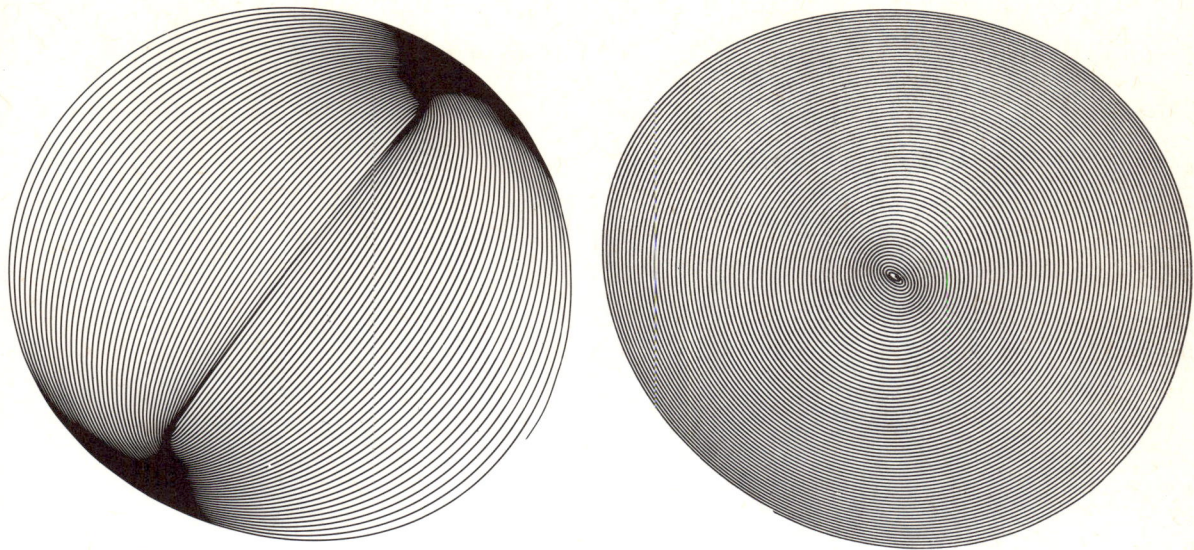

sammengepreßt werden. Die Fäden der beiden Stücke laufen niemals völlig parallel, sondern überschneiden sich in verschiedener Weise unter sehr spitzem Winkel. Die so entstehenden Spiegel zeigen sich als «Wässerung», also wie ein Wellenspiel im Wasser.

Graphisch können die Überlagerungsfiguren auf verschiedene Arten erreicht werden. Maughan S. Mason erzeugt das Spiel der Wirbel durch einen auf Wellenlinien programmierten Computer (Abb. S. 72 oben). Die Gebrüder Kurt und Paul Gysi haben sich einen sinnvollen Apparat, den Linographen, erdacht, der die Bewegungsfiguren mehrerer zueinander geneigter Pendelschwingungen registrieren kann (Abb. oben und S. 72 unten).

Eine andere und jedem zugängliche Methode ist die Überdeckung zweier Transparentraster (Abb. unten).

Der Transparentaufleger (TR 3) soll beliebig über die Schwesterfiguren auf Seite 73 geschoben oder gedreht werden.

NIE EIN NEGER MIT GAZELLE ZAGT IM REGEN

DIE LIEB BEI LEID HANNAH SEES HEIL STETS DID

Beisp. 56a. Scherzo v. L. Schlesinger aus London. (Wien, am 26. December 1832.)

56a. Scherzo. Presto.

Scherzo v. L. Schlesinger aus London. (Wien, am 26. December 1832.)

Anagramme

Der Lust am Versetzen von Buchstaben eines oder mehrerer Wörter, um dadurch ein neues Wort oder einen neuen Satz zu gewinnen, hat schon im 3. Jh. v. Chr. Lykophron gekrönt. Die jüdischen Kabbalisten haben diese Kunst weiterverbreitet. Die höchste Vollendung scheint in den Wortgruppen erreicht, die von vorn wie von hinten gelesen einen Sinnen ergeben, bei den Glanzstücken sogar den gleichen: «Relieffeiler» oder «Roma tibi subito motibus ibit amor.» (Aus Rom wird dir sogleich mit Bewegung Liebe kommen). Weitere Beispiele siehe Kreisfigur, oder ein Beispiel aus der Musik: Scherzo von L. Schlesinger aus London, 1832. Aus diesem Schaukel- und Schüttelspiel mit der Sprache entstehen die von der hohen Warte der Literatur aus übersehenen amüsanten Schüttelworte, wo das saftige Kalbsschnitzel zum Schnabelskitzel oder gar Schnilbskatzel wird.

96	11	89	68
88	69	91	16
61	86	18	99
19	98	66	81

1

» essölklösse «

» ...bierbrei bierbrei bierbrei b... «

» tunkt knut nie wein? «

» ...freibier! freibier! freibier! f... «

» gin ohne glas: algenhonig «

» a·milch clima «

» es revidieren hühnerei diverse «

» lebenssaft im regal «

S A	T O R
A R	E P O
T E	N E T
O P	E R A
R O	T A S

2

Die magischen Quadrate

Die quadratischen Zahlengruppierungen mit gleichen Quersummen waren bereits 2400 v. Chr. in China bekannt und wurden, auf Metall oder Stein graviert, als Amulette und Talismane getragen. Erst um 1300 n. Chr. wurden sie durch den Griechen Manuel Moschopoulos nach Europa gebracht. Eines der berühmtesten ist ein Quadrat 4. Ordnung auf Albrecht Dürers Bild «Melancolia I», 1514, Ausschnitt Abb. 3.

In Abb. 1 läßt sogar die Zahlengruppierung aufrecht und verkehrt gleiche Quersummen zu, da nur Ziffern verwendet sind, welche umgekehrt ebenfalls einen Zahlenwert, wenn auch nicht den gleichen, angeben. Ähnlich ergibt die Wortgruppierung SATOR – AREPO – TENET – OPERA – ROTAS (Abb. 2) von vier Seiten her gelesen den gleichen Sinn, ein perfekter Rückwärtsler, als magisches Quadrat kreuzwortartig angelegt.

3

Vom Widerspruch

Seit Jahrhunderten mühen sich die Philosophen mit der Paradoxie ab. Als ein Schüler Sokrates' auf die Tafel schrieb: «Der einzige Satz auf dieser Tafel ist falsch», stiftete er damit Verwirrung im Kreise seiner Freunde, denn, wenn der Satz wahr ist, ist er falsch, und wäre er falsch, dann würde er stimmen. Auch die Behauptung des Kreters, daß alle Kreter immer Lügner seien, ist es wert, durchdacht zu werden bis zu dem Punkte, wo man feststellen muß, daß eine Entscheidung, ob dieser Kreter jetzt lügt oder die Wahrheit spricht, nicht gefällt werden kann. Der Widerstreit zweier Sätze, die ihre eigene Geltung haben, ist in der Mathematik wie auch in der Naturwissenschaft hochinteressant, wie beispielsweise die sich widersprechenden Wellen- und Korpuskulartheorie, mit der sich wechselweise die verschiedenen Gesetze des Lichts erklären lassen, obwohl die beiden Arbeitshypothesen einander widersprechen. Niels Bohr pflegte zu sagen: «Das Gegenteil einer richtigen Behauptung ist eine falsche Behauptung. Aber das Gegenteil einer tiefen Wahrheit kann wieder eine tiefe Wahrheit sein.»

Kant zeigt in seiner transzendentalen Dialektik Antinomien auf, wo Thesis und Antithesis in Widerstreit geraten, weil die Sache, auf die sie sich beziehen, in sich einen Widerspruch trägt. Eine dieser Antinomien betrifft unsere Welt in Raum und Zeit. Die Thesis, daß unser Kosmos irgendwo angefangen hat und irgendwo enden müsse, ist für unseren Verstand zu klein und unbefriedigend. Wie sollte auch diese unendliche Welt aus dem Nichts geboren sein und sich in Nichts auflösen? Die Antithesis, die Welt habe nie begonnen und könne nie enden, ist für uns zu groß. Die Grenzen von Raum und Zeit entziehen sich unserer Erfahrung wie auch unserer Vorstellung. Wir verlangen zwar, daß es einen Anfang geben müsse, glauben aber auch, daß die Weiten ins Unendliche gehen sollten.

Schelling ruft aus: «Warum gibt es etwas und nicht vielmehr nichts?» Auf dem Durchmesser dieses Punktes (·) liegen mehr als 50 Millionen Atome. Können wir auf eines dieser Atome hinuntersteigen, stünden wir tatsächlich in einer weiten Leere, die dem Nichts nahekommt. Wir könnten uns noch vorstellen, daß sich dieses Atom zerteilen ließe, nicht aber, daß es sich zum unendlichen Nichts auflösen würde, ohne etwas zu hinterlassen.

Der Relativitätsgedanke wird hier zum Paradox getrieben. In der Mehrfachspiegelung und Wiederholung der gleichen Raumsituationen, einmal von oben und von unten gesehen und gleichzeitig links und rechts vertauscht, bietet Escher eines seiner widerspruchsreichsten Motive. Wände und Böden tauschen in der Krümmung ihre Rollen, und es scheint so, als ob seine sonderbaren Krempeltierchen nach oben gehend oft auf einem tieferen Geschoß ankommen, als jene die nach unten gehen.

▶

DIESE SEITE IST LEER!

Wenn sich alle Esel Löwen nennen

Der apokryphe Dialog «Xymmachos»

nach Plato von Robert Neumann

XYMMACHOS: Zu guter Stunde, o du mein Sokrates, treffe ich dich auf dem Marktplatz! So gestatte mir, wohlan denn, an deiner Seite zwischen den Feilbietenden mich hindurchdrängend gegen den Ilissos zu schlendern!

SOKRATES: Es sei! Doch dünkt dich nicht der Umstand, daß dieses Marktgewühl ein kaum zu durchdringendes ist, als gottgewollt? Und sollte es demnach nicht auch gottgewollt sein, daß wir uns hier, angesichts dieser Gruppe Feilschender, für eine Spanne Zeit verweilen und uns unterreden?

XYMMACHOS: Nur ein Böotier, beim Zeus, könnte dawider Einspruch erheben.

SOKRATES: Und welcher Art nun also ist wohl dies Tier, das hier zum Verkaufe steht?

XYMMACHOS: Es ist ein Esel, o Sokrates!

SOKRATES: Wahrlich, ein Trefflicher, o Xymmachos, bist du in bezug auf die Erkenntnis! Und so gehe ich wohl nicht fehl, annehmend, daß du auch all die anderen, diesem ersten ähnlichen Tiere, die hier ringsum feilgeboten werden, als Esel bezeichnen wirst?

XYMMACHOS: Wie denn nun also sollte ich wohl anders handeln, o Sokrates?

SOKRATES: Vortrefflich! Wenn wir nun aber unterstellen wollten, dieser Esel wäre tauglich, unsere Unterredung zu verstehen und seine Zunge zu gebrauchen nach Menschenart: hältst du es für wahrscheinlich oder für unwahrscheinlich, daß er selbst sich schlechtweg als einen schlichten Esel bezeichnen würde?

XYMMACHOS: Für unwahrscheinlich, o Sokrates.

SOKRATES: Und sein Verkäufer – wird er seinen Esel für nicht besser bezeichnen als die anderen Esel, so ringsum feilgeboten werden?

XYMMACHOS: Wie denn sollte ein Vernünftiger dies erwarten können, o Sokrates?

SOKRATES: Wenn er nun also aber zwar wohl seinen Esel als einen Löwen bezeichnete?

XYMMACHOS: Als einen Wahnsinnigen, fürwahr, würde nicht nur ich ihn ansehen, sondern auch all seine Widersacher auf diesem Markte würden gegen ihn zeugen!

SOKRATES: Wie aber nun also, wenn unter allen Eseln sowohl wie auch unter allen Eseltreibern eine geheime Absprache bestünde, daß der eine dem andern nicht widersprechen wolle, seinen Esel einen Löwen zu nennen, wenn nur auch der andere dem einen nicht widerspräche? Und wenn demnach *alle* Esel und Eseltreiber sich Löwen und Löwenbändiger nennten?

XYMMACHOS: Dies, beim Zeus, nun freilich wäre wohl etwas ganz anderes.

SOKRATES: Also bist du der Ansicht, daß *das Eselhafte gleich wie das Löwenhafte kein der Sache Innewohnendes ist, sondern statthat und nicht statthat je nach dem vereinbarten Maßstab der Benennung?*

XYMMACHOS: Wie denn nun also wohl nicht, o Sokrates! – Wenn aber nun also jedoch einmal ein echter Löwe unter die Esel geriete?

SOKRATES: Als einen Trefflichen, nochmals, fürwahr bezeichne ich dich in bezug auf die Dialektik, o Xymmachos! Aber glaubst du, daß die als Löwen bezeichneten Esel es daraufhin vorziehen werden, sich wieder als Esel zu bezeichnen, oder daß sie es vorziehen werden, den Löwennamen zu behalten und vielmehr lieber jenen einzelnen echten Löwen einen Esel zu nennen?

XYMMACHOS: Nun denn doch wohl letzteres, o Sokrates! Sie werden ihn als Esel bezeichnen und werden gleichzeitig vor ihm Reißaus nehmen, um nicht gefressen zu werden sowohl wie auch um keine Möglichkeit des Vergleichs zu bieten!

SOKRATES: Und vor dem vergleichenden Beobachter – werden sie vor ihm ebenso Reißaus nehmen wie vor dem Löwen?

XYMMACHOS: Ebenso und aus denselben Gründen!

SOKRATES: So nähmen sie also etwa wohl nur vor Eseln nicht Reißaus?

XYMMACHOS: Du sagst es, wahrlich!

SOKRATES: Wie also nun wohl wird der Vergleichende es anzustellen haben, daß sie, nicht Reißaus nehmend, in seine Annäherung sich schicken?

XYMMACHOS: Wahrlich denn wohl, er kleide sich am besten in eine Eselshaut! Er nahe sich ihnen unter ihrer eigenen Flagge, wie ja mitunter auch im Kriege ein Schiff, das tödlich treffen will, *unter falscher Flagge* segelt!

SOKRATES: Vortrefflich hast du dies herausgefunden!

XYMMACHOS: Wie aber nun, o Sokrates, verhält es sich in bezug auf die Erkenntnis der Esel mit dem Schönen und Guten? Ist es Sache des Schönen und Guten, mit Eseln überhaupt sich zu beschäftigen? Und geht er ihnen schon nicht aus dem Wege – kann es nun also seine Sache sein, Esel tödlich zu treffen wie jenes unter falscher Flagge segelnde Schiff Schiffe tödlich treffen mag? Und genügte es nicht etwa, sie ein wenig zu kitzeln?

SOKRATES: Wie, könnte denn nun also Eseln zu kitzeln Sache des Schönen und Guten sein? Du verneinst es! Liegt aber die Quelle deiner Verneinung beim Kitzeln oder bei den Eseln?

XYMMACHOS: Ich verstehe dich nicht, o Sokrates.

SOKRATES: Nun, nimm an, daß der Schöne und Gute einem echten Löwen begegnete – wird er nun wohl gar also ihn zu kitzeln unterfangen oder wird er nicht vielmehr ihn tödlich zu treffen trachten?

XYMMACHOS: Denn doch wohl letzteres!

SOKRATES: Also lag die Quelle deiner Verneinung beim Kitzeln! Nicht zu kitzeln, sondern tödlich zu treffen, und heiße das Jagdwild wie es wolle, muß die Sache des Schönen und Guten sein. Und darum werde füglich auch jenen verstellten Eseln ein Löwenschicksal. Wie nun aber, fragtest du nicht auch, ob es Sache des Schönen und Guten sei, mit Eseln überhaupt sich zu beschäftigen?

XYMMACHOS: Ich fragte es, beim Zeus!

SOKRATES: Und beschäftigt sich denn nicht der Priester mit noch niedererem Getier? Und weissagt er nicht sogar aus dem Kote?

XYMMACHOS: Dies wahrlich tut er! Aber begegnet er einem anderen Priester, so lächelt er, o Sokrates! Und, o Sokrates, wenn der Priester etwa nun doch wohl also irrt, da er aus dem Kote weissagt?

SOKRATES: Er irre getrost, mein Xymmachos. Wenn er nur lächelt.

 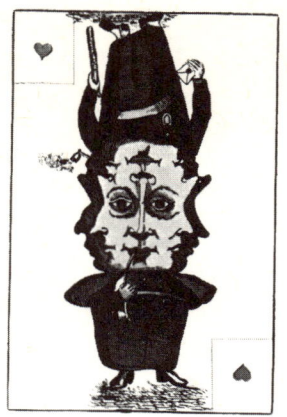  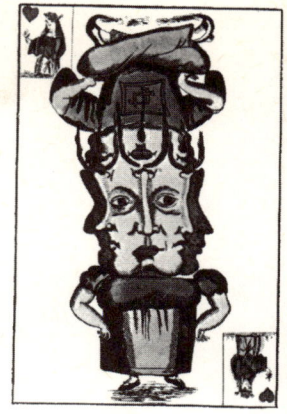

Das Porträt

Jedes der absonderlichen Kopfwesen auf den Karten eines alten Spiels oben zeigt oder verbirgt zehn verschiedene Gesichter. Das für alle Porträts gleichbleibende Augenpaar paßt zu jedem neu auftauchenden Gesicht. Anders verhält sich das Konterfei, das uns Albrecht Dürer 1526 von dem uns mit kritischem Ernst aus dem Halbprofil heraus fixierenden Hieronymus Holzschuher überliefert hat. Dieser Blick verfolgt uns entgegen der Gesetze der Perspektive. Eine ähnliche Wirkung können wir auf Photos oder am Fernsehschirm beobachten: Wenn die abgebildeten Augen in das Objektiv der Kamera schauen, scheinen sie uns ständig anzusehen. Das Fehlen einer realen Tiefe haben wir durch eine gedachte dritte Dimension ersetzt, und damit sind wir optisch auf einen ganz bestimmten Standpunkt in diesem Illusionsraum festgehalten, auch wenn wir versuchen, diesen im realen Raum zu ändern.

Der Leser versuche, zwei der schematischen Umrisse zu einfachen Gesichtern zu ergänzen, durch Hinzufügen von Augen, Nase und Mund, und möge es sich vor dieser Übung versagen, die untenstehende Legende zu lesen!

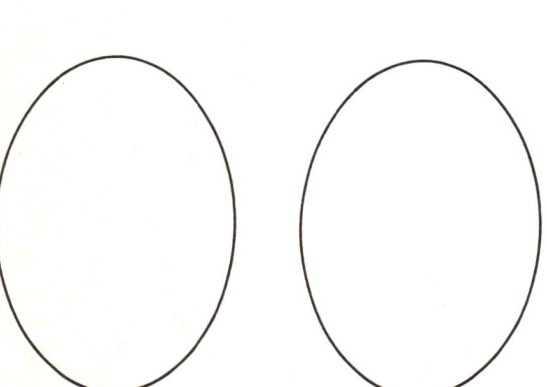

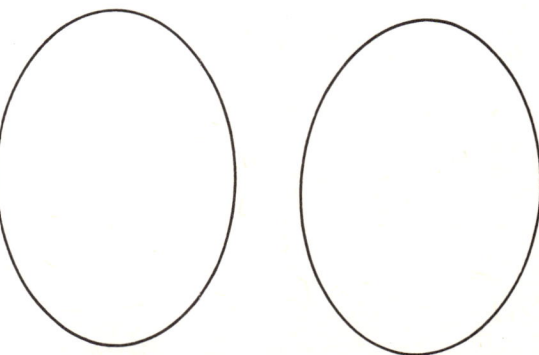

In der Regel können wir das menschliche Gesicht nicht in seinen richtigen Proportionen wiedergeben. Die Augenbrauen und die Nasenwurzel sollten etwa in der Mitte liegen! Da die stark gegliederte untere Gesichtshälfte mit den ausdrucksvollen Augen und dem Mienenspiel für uns den interessanteren Teil des Kopfes darstellt, neigen wir dazu, ihm auch den größeren Teil der Ellipse zur Verfügung zu stellen. In den beiden noch leeren Feldern kann nun die korrekte Darstellung versucht werden.

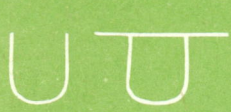

Mach still und froh

Mal so · und so, · Gleich steht er do · bei Austerliß · und Waterloo

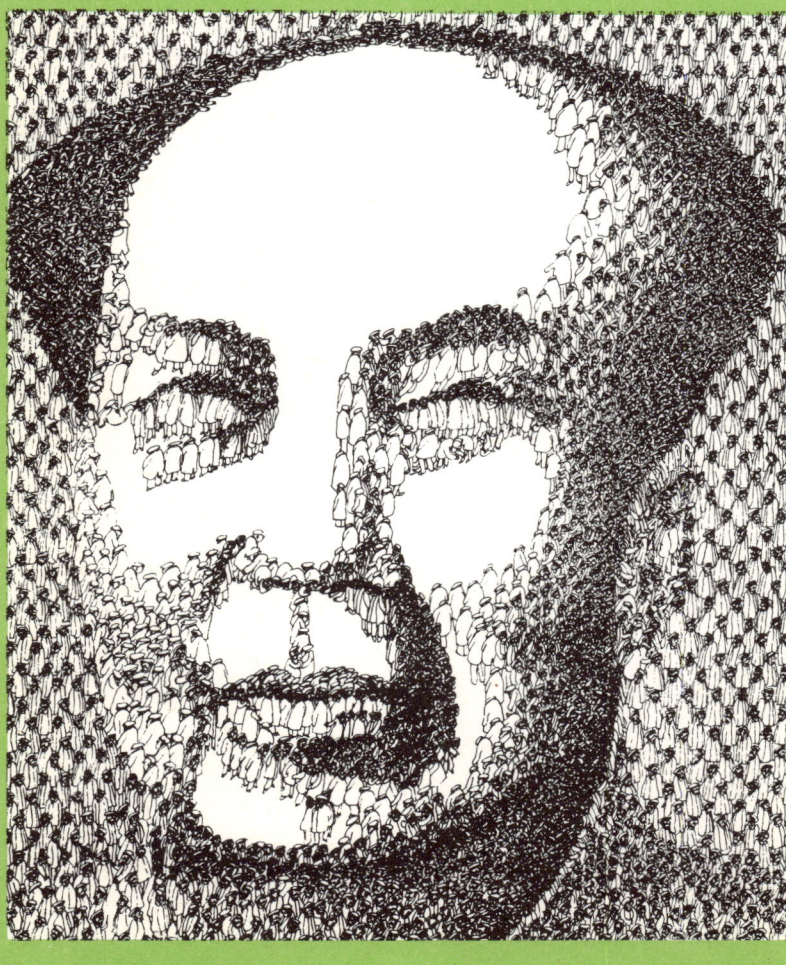

Punkt, Punkt, Komma, Strich…

… fertig ist das Angesicht. Ähnliche anspornende Verse für die jüngsten Zeichner findet man in vielen Sprachen, und sie haben eines gemeinsam: Sie beginnen mit den beiden Augenpunkten, wohl den ersten Inseln in der unbekannten Weite, die das Kind versteht und wo sich sein Verständnis spiegelt.

So bleiben auch die drei ersten Schritte von Wilhelm Busch zur Napoleonkarikatur mehrdeutig. Zeichnet man aber die Augen in irgendeine dieser ersten drei Karikatur-Fragmente, so ist die Erwartung bereits auf ein Gesicht gerichtet.

Seit der Barockzeit, welche Illusion und Doppeldeutigkeit zu ihren Stilmitteln machte, finden wir das Porträt als Doppelbild, wie «Der Erfinder», Holzstich von Poyet, Ende 19. Jh. (Abb. Mitte links), oder die Estampe populaire von Napoleon (Abb. rechts).

Bei «Maos Massen» (Abb. unten) spielt die feine Feder des Karikaturisten Georg Rauch mit unserer Kurz- oder Weitsichtigkeit im direkten und übertragenen Sinne.

Aus einigen Metern Abstand betrachtet, bietet Seite 80 als Erkennungsstütze die Augenpunkte an, auf die wir die Identifikation «Totenkopf» aufbauen. Erst die Nähe des Bildes zwingt mit seiner Detailfülle zum vollständigen Umdeuten. Diese Korrektur «Frau vor dem Spiegel» kann aber nicht verhindern, daß der «richtige» Eindruck mit zunehmender Entfernung wieder überblendet wird.

Bei vielen Täuschungsmustern liegt das Faszinierende eben in der Tatsache, daß wir der Täuschung selbst dann erliegen, wenn wir genau wissen, wie sie funktioniert.

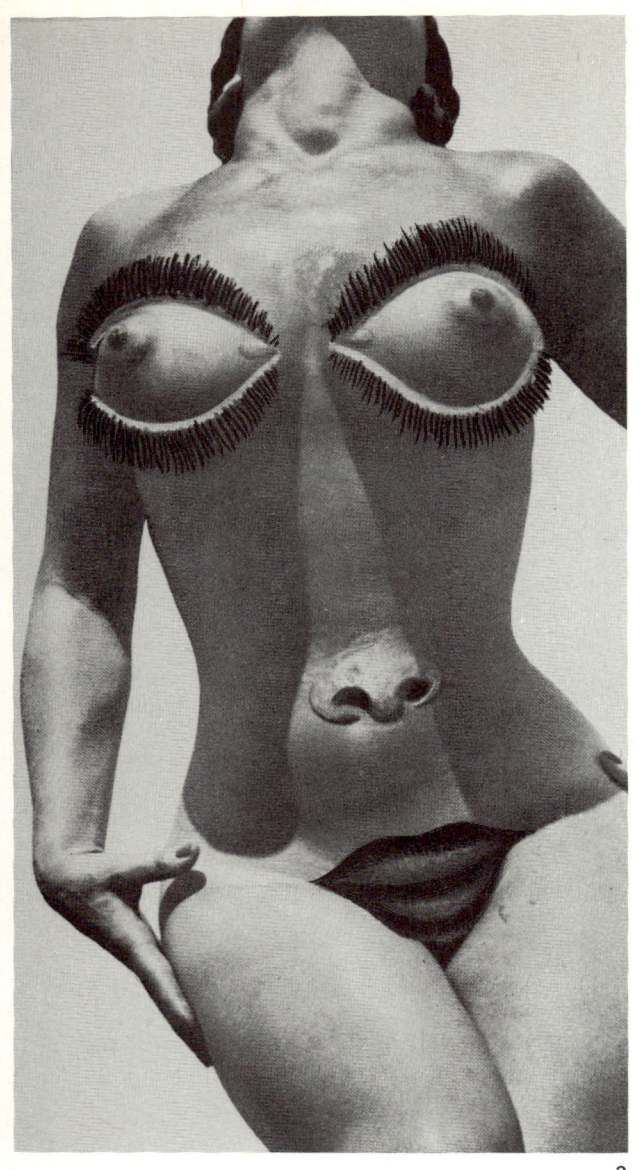

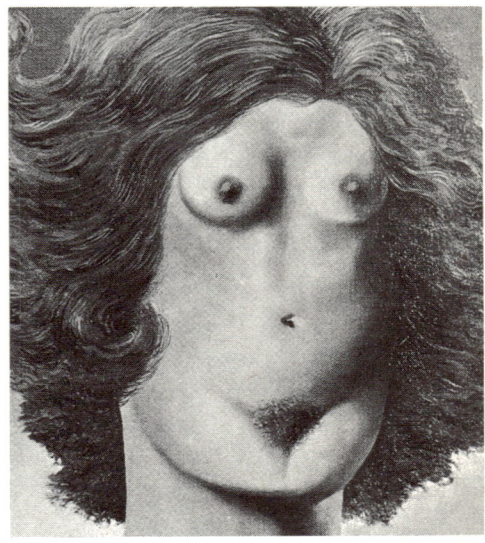

Abb. 1 (S. 83): Die Schauspielerin Mae West von Salvador Dalí 1936 als surrealistischer Salon dargestellt.

Abb. 2: Antropomorphismus im Striptease, eine Körpermaske der Variété-Künstlerin Choppy im «Concert Mayol», Paris.

Abb. 3: Le viol 1934, eine Überlagerung von Körper und Gesicht von René Magritte.

Abb. 4–6: Der Gelehrte, der Krämer, der Musikus, drei Karikaturen um 1850, Zürich.

2

3

4

5

6

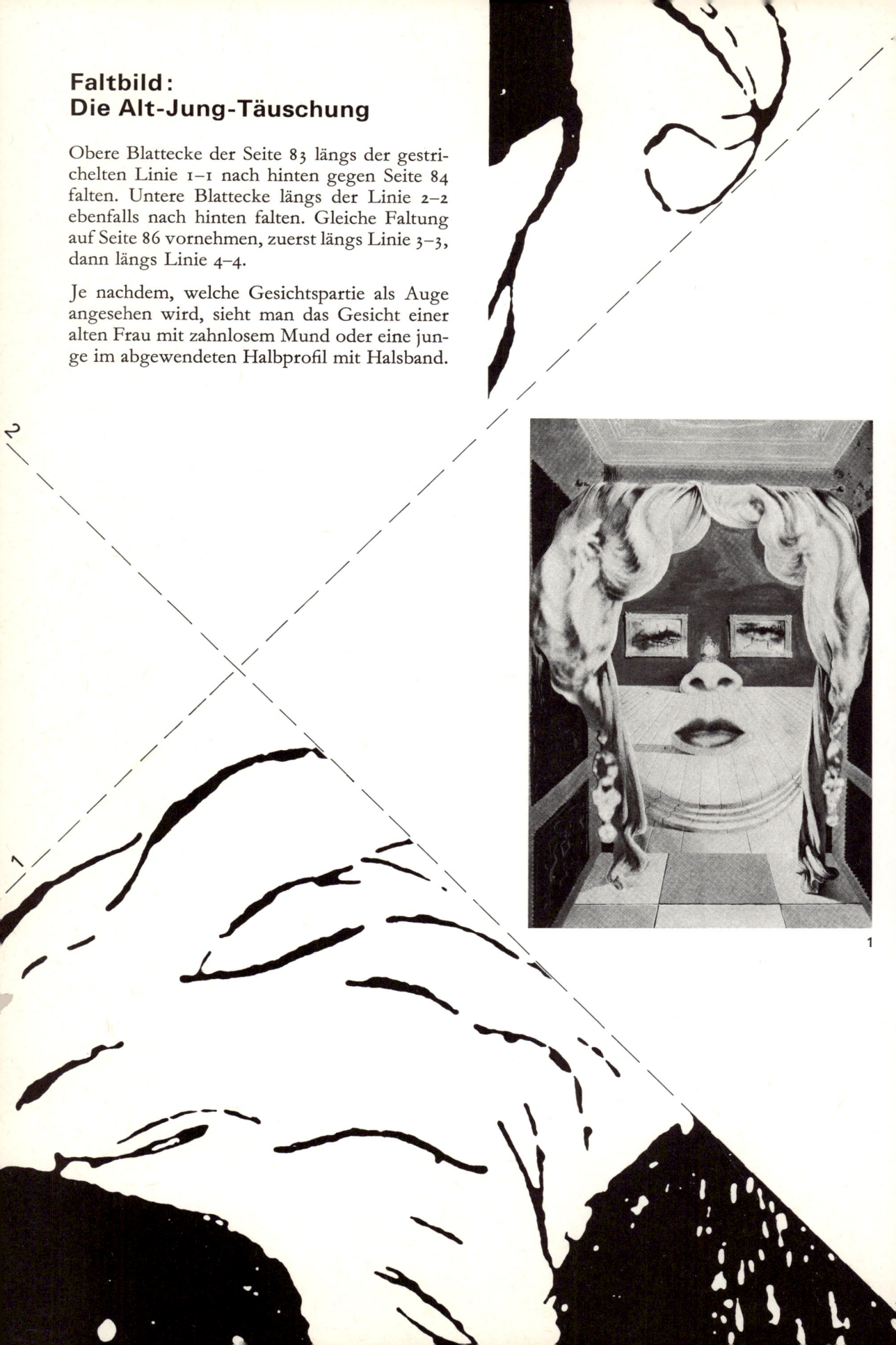

Faltbild:
Die Alt-Jung-Täuschung

Obere Blattecke der Seite 83 längs der gestrichelten Linie 1–1 nach hinten gegen Seite 84
falten. Untere Blattecke längs der Linie 2–2
ebenfalls nach hinten falten. Gleiche Faltung
auf Seite 86 vornehmen, zuerst längs Linie 3–3,
dann längs Linie 4–4.

Je nachdem, welche Gesichtspartie als Auge
angesehen wird, sieht man das Gesicht einer
alten Frau mit zahnlosem Mund oder eine junge im abgewendeten Halbprofil mit Halsband.

1

Rebusse

Die französischen Notariatsschreiber der Picardie pflegten jährlich zur Karnevalszeit unter dem Titel «De rebus quae geruntur» ihre spöttisch-kritischen Bilderrätsel und Rätselbilder zu verfassen, bei denen Wörter durch ihre besondere Zusammenstellung einen neuen Sinn ergeben, wie das bekannte: Un grand AB, plein d'a-petits / A traversé par I / cent sous P. «Un grand Abbé, plein d'appétit, a traversé Paris sans souper». Einen klassischen Briefwechsel in Rebusform kennen wir von Friedrich dem Großen an Voltaire. Die Einladung an seinen Gast formulierte der große Fritz:

$$\frac{P}{\text{🖐🖐}} \quad a \quad \frac{6}{100}$$

«Deux mains sous P, a, cent sous six», in Reinschrift: «Demain souper à Sanssouci.» Voltaire antwortet kurz und bündig: G a, «G grand, a petit» – «J'ai grand appétit».

In seiner «Critischen Dichtkunst» (1730) berichtet J. C. Gottsched von einem Bild, wo ein französischer Maler einen toten Abt auf einer Wiese liegend gemalt habe: «. . . und stecket ihm, auf eine ich weiß nicht welche Höflichkeit der Sitten gemäße Art, eine Lilie in den entblößten Hintern». Als Mann von großem Wissen und scharfem Verstand dringt er zur versteckten Bedeutung dieses skurrilen Bildes vor und findet souverän den Schlüsselsatz: «Habe mortem prae oculis», mit dem nationalen Akzent der Franzosen gelesen: «Abbé mort en pré, au cul lys».

In den Kalligrammen der Tiernamen werden die entsprechenden Charakteristika zeichnerisch gesteigert, während bei den sogenannten «Typewri-Toons» die für uns auf den ersten Blick belanglose Anordnung von Schreibmaschinen-Lettern durch die Sprechblase die Bedeutung einer realen Situation erhält.

Kalligraphischer Versuch mit der Schreibmaschine

Scherz mit Schrift und Bild

Nur langsam hat sich die Kunst der Schrift aus der Bildmeldung heraus entwickelt. Die ersten Versuche des Menschen, sich mitzuteilen, waren Geschichten ohne Worte, wo die Bildsituation oder die Zeichendinge Träger der Information waren. Die Pictogramme verketteten sich mit einem Wort. Durch den langen Gebrauch wurden die anfänglichen Bilder schematisiert bis zur abstrakten Form, die bequem beispielsweise mit der Spitze eines Schilfrohrs auf Tontäfelchen eingeritzt wurden, wie wir sie in den sumerischen Kulturen als Keilschrift finden.

Den umgekehrten Weg versuchten Künstler aller Zeiten, die die Schrift als Element für ihre kapriziösen Zeichnungen, Bildrätsel und Bildkalauer benützten. Für das Porträt Abraham Lincolns in kalligraphischer Manier wurde der Text der berühmten Proklamation der Negerbefreiung verwendet, welche Lincoln 1863 erließ (Abb. oben).

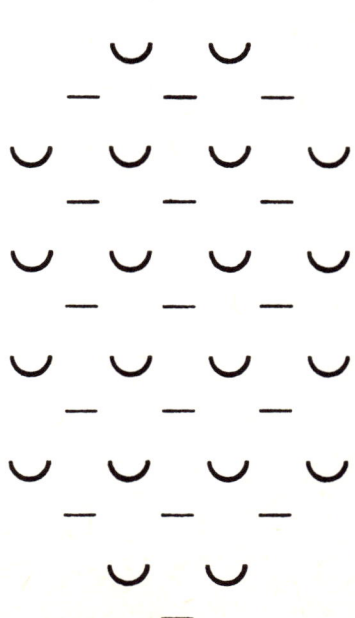

*Fisches Nachtgesang
(das tiefste deutsche Gedicht)
von Christian Morgenstern.*

ÄpfelÄpfelÄpfelApfe
felApfelApfelApfelApfelA
felApfelApfelApfelApfelApfe
ApfelApfelApfelApfelApfelApf
felApfelApfelApfelApfelApfel
ApfelApfelApfelApfelApfelApfe
pfelApfelApfelApfelApfelApfel
ApfelApfelApfelApfelApfelApfe
ofelApfelApfelApfelApfelApfel
ApfelApfelApfelApfelApfelApf
elApfelApfelApfelWurmApfel
felApfelApfelApfelApfel
ofelApfelApfelApfelA
pfelApfelApfelA
ApfelApfelA

FORSYTHIA

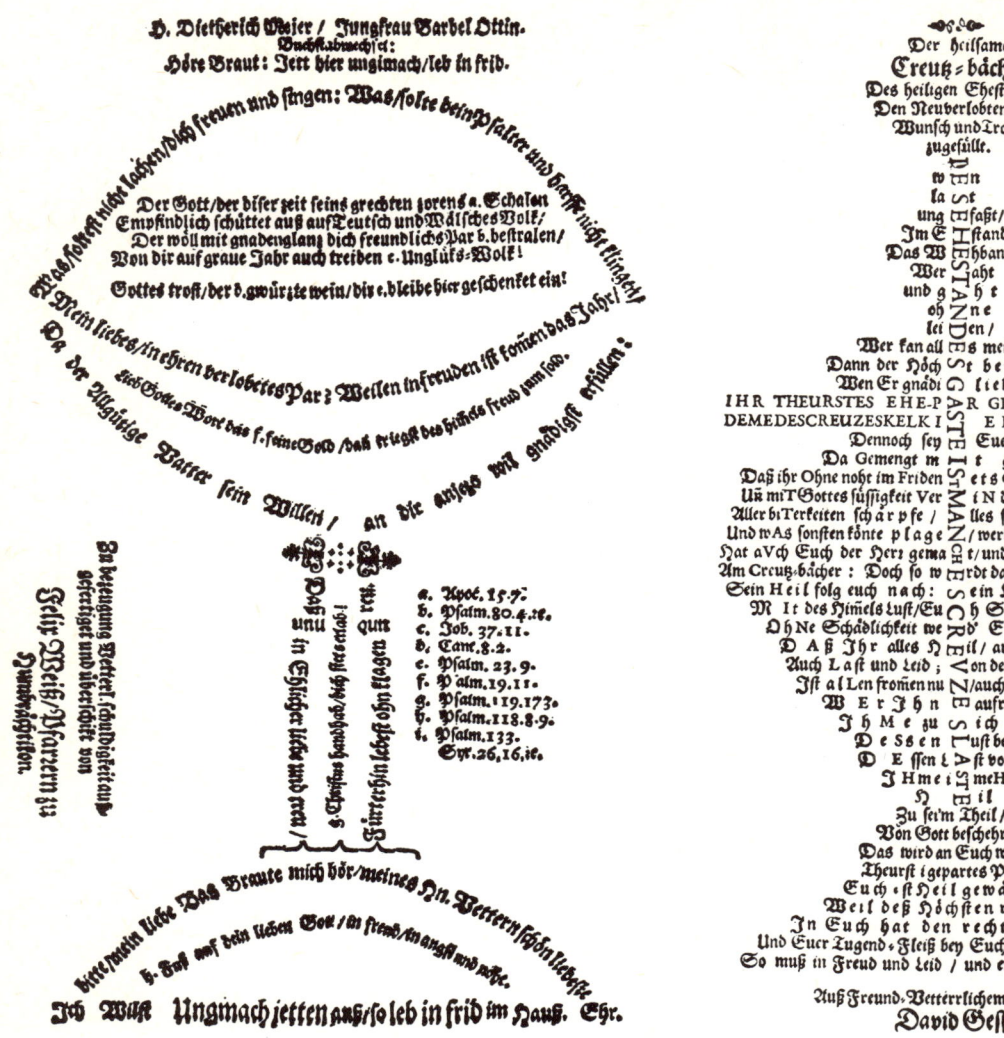

Scherz und Rätsel mit dem Abecedarium

Die 24 Buchstaben unseres Alphabets sind nicht ihrem Namen gemäß vom griechischen α β γ usw. abgeleitet, sondern sind römisches Erbgut und müßten ihrer Herkunft entsprechend «Abecedarium» heißen.

Unterhaltende Zeugnisse barocker Wort- und Buchstabenspielerei der populären Gelegenheitsdichtung, wie der Bechergruß (Abb. oben links), den Pfarrer Felix Weiss 1678 zu Ehren eines Brautpaares aufschrieb, der heilsame «Creutz-Bächer» des Buchdruckers David Gessner (oben rechts), oder der Segensspruch-Turm von Hans Rudolf Wirtz (Abb. rechts) haben ihre Ableger bis hinein in die moderne Malerei, beispielsweise Döhls «Wurmstichiger Apfel» (S. 86 Abb. oben) und seine wuchernde Kreuzwort-Forsythia (S. 86 Abb. links).

Ein   ein g   er
Diß gsind hat jetz der pfaltzgraff.

Als man   6   er   Jar.
Am   tag da das   ngelium war.
Solt   was Gottes ist.
Dem   was des khaisers ist.
Nam da   der   ein.
Die g   Prag mu heit sein.
Den   en   er ver
Der Jetz sein noth den Staden
Mit   Leemen grob
Lag ihm Bucquoi vnd Bayren ob.
Das er das fersen   gab gschwind.
Sampt seiner gmahl vnd khlainen
Dahero er zu danckhen hat
Sein Rhäten vmb den güeten
Mit dem sy ihn zum   ver
Darauf er doch nie hat gstudiert.
Wär er in seiner Pfalz gebliben.
Vnd het die   nit vertriben.
Het nit ausg t die   vnd   en.
Vnd het nit g   let so bnb
Het vilmehr gfolgt dem Zen
Den ihm sein vetter geben hat.
So khäm ihm die Reu nit zu spat.
vnd het beim khaiser funden gnad.

Weil er gethan hat   recht.
Auß einem herzen wird er zum khnecht
Wie Jenem   gschicht Jhm der s
Ein   trueg im Maul ein stuck brott
Der in dem   sah den schatten.
Vermaint solt ihm ein grössers khraten
Auf neuen raub war er nit faul.
Ließ fallen was er het im Maul.
Vnd thet hin nach dem schatte schnappen
Doch khond er nichts durchauß erdappen.
Was er gehofft ist ihm nit worn.
Was er gehabt hat er verl.

Nit anderst ist's dem Pfaltzgraf gangen.
Da er neu händel ange
Jetzt mueß er haben s   vnd se
Darzu der   vnd land.
Ist   frei das ist zuuil.
Der Bethlem macht sich auß dem
Ist fro das er ist selbst entritten.
Man möcht ihm sonst die   schitten.
Nun merckht ein anders schöns bei
Das ich euch hie er   wil.
Die Behem vnderstunden sich.
Jr sach zuführen listigclich.
Vnd   mit dir o pfaltzgraf.
Gleich als wir mit der   der
Als er ainsmals wolt khösten raten.
Doch jhme selber ohne schaden
Ertwischet er n   ein.
Bat sie sy solt   mit frez
Die khesten nemen auß der
Die frome   die t sich dran.
vnd ließ sich durch den list ber
Folgt deß   verschlagnem hirn
Griff in die   ainfeltigkhlich.
Sehr hart sie da verbrennet sich.

Des müßte lachen Jederman.
Das der   solche list fing an.
In g   em wie wir albhrait sehen.
Ist auch dem Pfaltzgrafen geschehen.
Weil er gefolgt der Behem
So hat er jetz den s   zum schad.
Was Jhn die Behem fürgenomen.
vnd sonst nit khonden über khomen.
Da brauchtens dein hilf o pfaltzgraf.
Als wie der   hilf der
Hast dich verbrennt als wie die
dich jetz   in die

Wenn alle Narren Schwanzriemen trügen

Wie Pantagruel und Panurg dem Triboullet Ehrentitel geben

Aus: F. Rabelais, Gargantua und Pantagruel

«Bei meiner höchsten Seel! ich will es», antwort Panurg: «ich spür, itzt geht mein Darm mir auf; er war zeither ganz constipiert und zusammengezogen. Aber, wie wir erst den feinsten Milchrahm der Weisheit zu Rat erwählt, möcht ich nun auch, daß einer, der Narr im höchsten Grad wär, in unsrer Synod das Präsidium führte.» – «Triboullet», sprach Pantagruel, «scheint mir genugsam Narr zu sein.» – «Mit Haut und Haar», antwort Panurg.

PANTAGRUEL	PANURG
Fatal-Narr.	Dreimal gestrichener Narr.
Natur-N.	B-Dur- und B-Moll-N.
Himmels-N.	Erd-N.
Jovial-N.	Lust- und Schwank-N.
Mercurial-N.	Sang- und Klang-N.
Lunatischer N.	Buffen-N.
Erratischer N.	Pfeifen-N.
Excentrischer N.	Schellen-N.
Ätherischer und Juno's-N.	Lachender und Venus-N.
Arktischer N.	Grundsuppen-N.
Heroischer N.	Vorlauf-N.
Genial-N.	Ausbruch-N.
Prädestinat-N.	Moussier-N.
August-N.	Original-N.
Cäsarin-N.	Papal-N.
Imperial-N.	Consistorial-N.
Regal-N.	Conclavisten-N.
Patriarchal-N.	Bullisten-N.
Original-N.	Synodal-N.
Legal-N.	Episkopal-N.
Ducal-N.	Doctoral-N.
Standart-N.	Monachal-N.
Reichsfrei-N.	Fiskal-N.
Palatin-N.	Extravagant-N.
Principal-N.	Bourlet-N.
Prätorial-N.	Simpel-Tonsur-N.
Total-N.	Cotal-N.
Wahl-N.	Graduierter promovierter N.
Curial-N.	Commensal-N.
Primipilar-N.	Seiner Zunft oberältester N.
Triumph-N.	Caudatar-N.
Vulgar-N.	Supererogativ-N.
Haus-N.	Collateral-N.
Exemplar-N.	A latere alter durstiger-N.
Rar- und seltener N.	Nasweiser-N.
Hof-N.	Zug- und Strich-N.
Civil-N.	Äslings-N.
Popular-N.	Wasser-N.
Familiar-N.	Edel-N.
Hoch-N.	Schuppenpanzer-N.
Favorit-N.	Raub-N.
Lateinischer N.	Schwänzelpfennigs-N.
Ordinar-N.	Greulicher N.
Furchtbarer N.	Feuchtöhriger N.
Transzendental-N.	Kappzaum-N.
Souverain-N.	Schwulst-N.

PANTAGRUEL	PANURG
Special-Narr	Strotzhahnschnauziger Narr
Metaphysikal-N.	Corollar-N.
Ekstatischer N.	Levantischer N.
Kategorischer N.	Hermelinpelz-N.
Preiswerter N.	Carmoisin-N.
Decuman-N.	Scharlach-N.
Aufwartsamer N.	Spießbürger-N.
Perspektiv-N.	Plackholz-N.
Arithmetik-N.	Topmast-N.
Algeber-N.	Modalischer N.
Kabbal-N.	Secundintentional-N.
Talmuds-N.	Abrakadabra-N.
Amalgam-N.	Heteroklit-N.
Compendioser N.	Summisten-N.
Abbrevierter N.	Abbreviator-N.
Hyperbel-N.	Moresken-N.
Antonomatischer N.	Wohl verbullter N.
Allegorischer N.	Mandatarichs-N.
Tropologischer N.	Capuzari-N.
Pleonasmischer N.	Titulari-N.
Capital-N.	Kuschduckdich-N.
Hirn-N.	Widerborstiger N.
Cordial-N.	Wohl mentulierter N.
Intestin-N.	Schwachbeiniger N.
Hepatischer N.	Geilhammel-N.
Splenetischer N.	Schulfuchs-N.
Windcholik-N.	Windhirnicher N.
Legitim-N.	Küchenstänker-N.
Azimut-N.	Hoher Stelzen-N.
Almucantarat-N.	Bratspieß-N.
Proportionierter N.	Topfschleck-N.
Architrav-N.	Katarrhal-N.
Piedestal-N.	Prahlhans-N.
Muster-N.	Vierundzwanzigkarat-N.
Berühmter N.	Buntscheckiger N.
Munterer N.	Dussel-N.
Solenner N.	Pumphosen-N.
Anniversar-N.	Stecken-N.

PANTAGRUEL: Wenn man die Quirinalien weiland zu Rom mit Grund das Fest der Narren geheißen hat, könnt man in Frankreich die Triboulletalien celebrieren.

PANURG: Wenn alle Narren Schwanzriemen trügen, an seinem Gesäß blieb kein gut Haar.

Aus der Graphischen Sammlung der Zentralbibliothek Zürich: Ein Bilderrebus-Flugblatt vom Anfang des Dreißigjährigen Krieges, als es darum ging, ob die strategische Schlüsselposition Böhmen an die Protestanten oder an die Katholiken fallen würde. Die erste Zeile des Pamphlets gegen den böhmischen «Winterkönig», den Grafen Friedrich von der Pfalz, ist folgendermaßen zu lesen:
«Als man (Zelt) (Karte mit Bezeichnung «Tausch») (Ente) 6 (Hund)ert (zwei Karten à 10) Jar
= Als man zählt tausend sechshundert zwanzig Jahr . . .
Viel Glück bei der weiteren Suche nach dem Bildersinn!

▶

Horizontal—Vertikal

Eine Fläche mit senkrecht verlaufenden Streifen erscheint breit, eine horizontale Gliederung steigert die Höhe.

Wenn das Auge eine schraffierte Figur fixiert, gleitet es bequem auf den Gleisen der hellen und dunklen Bänder; quer zu dieser bequemen Richtung muß es das Hell-Dunkel addieren. Dieser größere Arbeitsaufwand des «Leiternsteigens», für uns nicht augenfällig, beeinflußt aber unser Hirn in der Bewertung der Distanz: rasche Augenmeldung der Bänderlänge = kürzere Distanz, Addition wechselnder Elemente = größere Distanz.

So scheint uns die unterteilte Strecke A–B größer als die leere Strecke B–C. Dieser Effekt war den romanischen Architekten bekannt. So wird beispielsweise im Dom von Siena die Höhe der Säulenkonstruktion durch die Illusion des Materialwechsels vorgetäuscht (Abb. unten links).

Es ist schwer, die Höhe eines Münzstapels genau auf die Breite der verwendeten Münze abzustim-

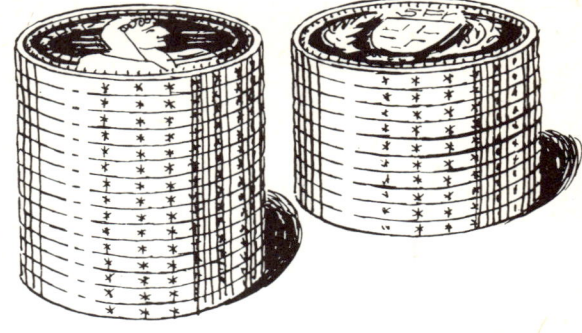

men: Der linke Münzturm erscheint eindeutig zu hoch geraten, obwohl Höhe und Breite gleich sind.

Alle Flächen der drei Figuren sind genau gleich große Quadrate, obwohl die Schraffur die rechte Fläche überhöht, die linke verbreitert.

A   B   C

Ein horizontal verarbeitetes Streifenmuster macht die Figur zierlicher. Vertikal gemustert macht das Kleid die Figur etwas stärker.

Wahrnehmung und Wirklichkeit

Wird eine einfache geometrische Figur auf einen Perspektivraster gesetzt, so verliert sie einen Teil ihrer ursprünglichen Eigenschaften und wird durch die Tiefenwirkung des Strahlenbündels verzerrt. Um ihr die ursprünglichen Eigenschaften zu geben, müssen wir sie verfälschen: Die linke Seitenlinie des Quadrats ist um 4 mm höher als die rechte!

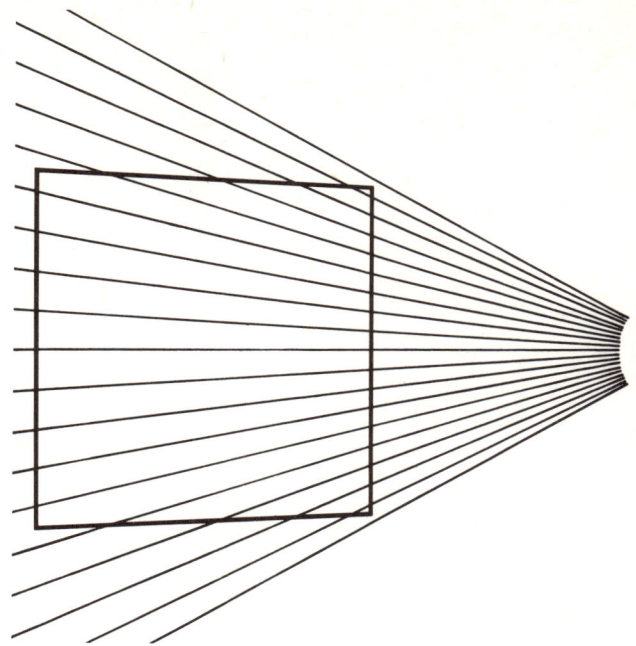

Unsere Gewohnheit, perspektivische Zeichnungen in ihrer räumlichen Wirkung richtig zu deuten, zwingt uns in der Abbildung Mitte die gleich großen Gestalten auf dem Tiefenraster umzudenken und den vorderen Handelsreisenden etwa halb so groß wie sein Kollege im Hintergrund einzuschätzen.

Man beobachte Bilder, wo staatliche Repräsentanz zur Schau gestellt wird: Ist der höchste Würdenträger zufälligerweise von

kleinem Wuchs und noch dazu unbeliebt, so wird er versuchen, seinen Machtschein mit optischen Tricks zu festigen. Entweder er unterschiebt sich ein nicht sichtbares gestaltvergrößerndes Podest, oder er benutzt die Kontrastwirkung von kleinen Personen in nächster Umgebung. Muß er aus irgendeinem Grund auf diese Regiemaßnahmen verzichten, so wird das Dekor des Hintergrundes auf seine Person hin zentralperspektivisch drapiert.

Besonders wirkungsvoll sind Linien, die ihren Fluchtpunkt in der Bildmitte haben (vgl. Abb. unten). Die Rechtecke zwischen den Eisenbahngeleisen sind alle gleich groß.

1

2

3

4

Illusion der Bildtiefe

Die Ellipse aus einem Lehrbuch (Abb. 2) ist für uns eine geometrische Figur in der Ebene. Genau die gleiche Ellipsenform in der Hand des Knaben (Abb. 3) wird für uns zum Kreis. Die Ergänzung der Bildebene durch eine gedachte 3. Dimension ist eine erlernte Illusion. Für Naturvölker ohne Erfahrung mit der Bildperspektive bleiben Bilder etwas Geisterhaftes. (Bald werden unsere Kommunikationsmittel diese «Bildungslücke» geschlossen haben.)

5

Trompe-l'œil und Perspektive

Albrecht Dürer schreibt 1525 (Abb. 1) «...: also piss das du die gantzen lauten gar an die tafel punctirst / dann zeuch all puncten die auf der tafel von der lauten worden sind mit linien zuesame / so siehst du was daraus wirt / ...»

Hinter der Perspektive steht ein neues Verhältnis des Menschen zur Umwelt. Was aus unserer Sicht selbstverständlich wirkt, ist durchaus nicht verständlich für andersgeschulte Augen.

Richtig begriffen wird die Perspektive erst von der Renaissance. Bereits Pinturicchio (1454–1513) experimentiert und mogelt geschickt mit den Fluchtpunkten (Abb. 4 – Enea Silvio Piccolomini wird von Friedrich III. zum Dichter gekrönt. Kathedrale von Siena). Vom Barock bis in unsere Zeit führt eine Tradition amüsanter und oft tiefsinniger Täuschung und Doppeldeutigkeit, wie das perspektivische Chorgitter in der Stiftskirche von Einsiedeln (Abb. 6), die lebensnahen Stukkaturen von Steinhausen (Abb. 7 und 8) oder das Bild im Bild bei René Magritte (Abb. 5) zeigen.

6

7

8

lern, und da wir an perspektivisch richtig ge-
baute Bilder gewöhnt sind, erkennen wir die
einzelnen Verdrehtheiten.

Eschers Bildmeditation entspricht mit ihrem
korrekten Raumaufbau unseren Sehgewohn-
heiten, deshalb tasten wir uns nur zögernd zu
den 3 verschiedenen Standpunkten des Bildes
durch.

Jedes Kunstwerk ist seinem Wesen nach eine
Illusion. Der Künstler will und kann nicht
«Naturwahrheiten» mitteilen. Er bietet unserer
Seh- und Denkwelt in seinen Werken seine eigene Seh- und Denkwelt an. Die Bilder dieser
Welten sind den Dingen der Natur nicht ana-
log, sondern nur ähnlich. Dieser interessante
und weite Problemkreis ist von E. H. Gombrich in «Kunst und Illusion» abgesteckt worden.

Das Paradoxe
in der dritten Dimension

Links: M. C. Escher: Autre Monde, Holzschnitt 1947.
Rechts: Hogarth, False Perspective, Kupferstich 1754.

Das Auge schläft, bis der Geist es mit einer
Frage weckt.

ARABISCHES SPRICHWORT

Beide benützen die Tiefenillusion, um Widersprüche von Raum und Zeit darzustellen. Bild-
teile sind gleichzeitig an verschiedenen Orten.
Hogarths Spottbild strotzt geradezu von Feh-

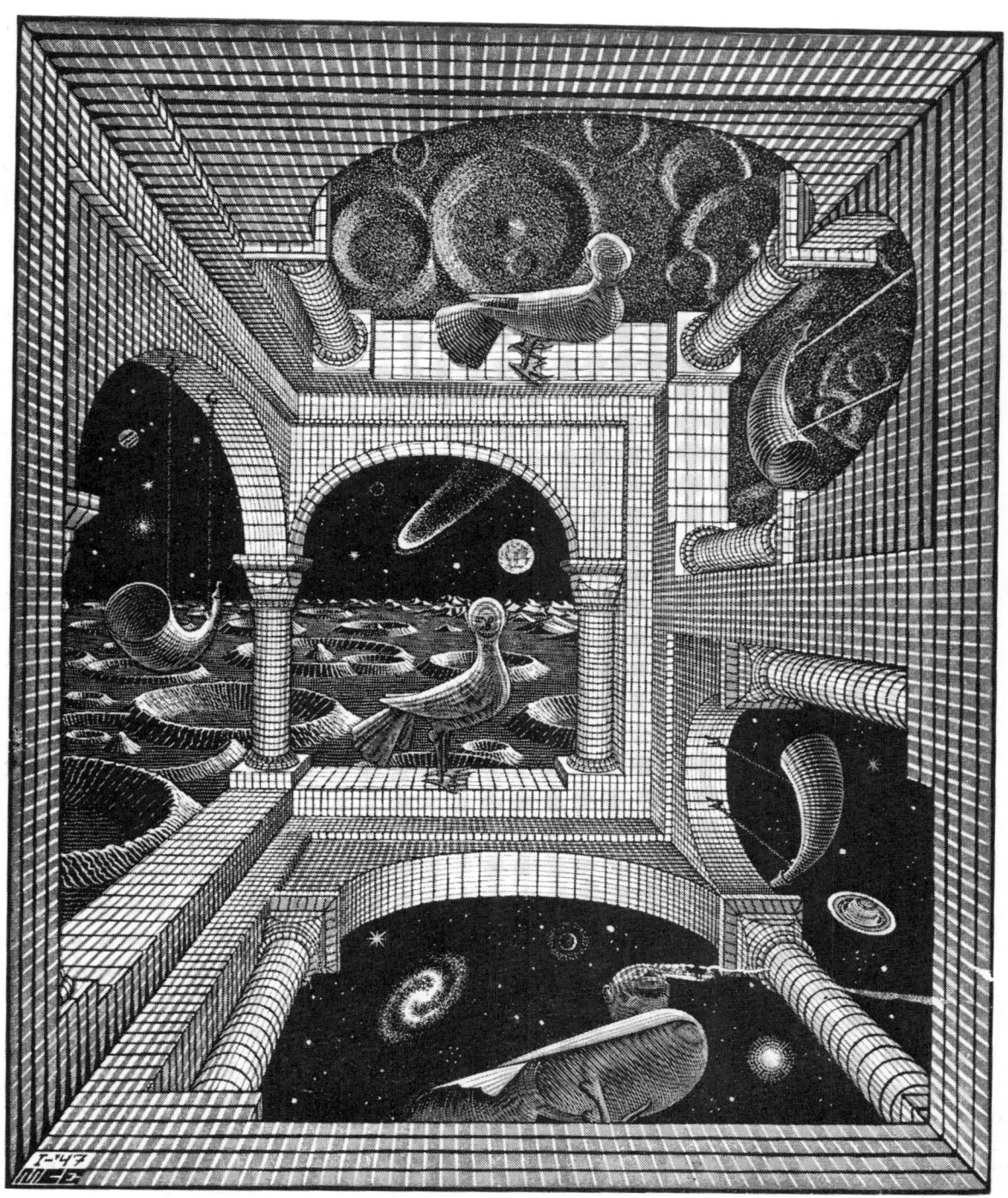

Illusion und Standpunkt

Rechts oben: Schachbrett mit 4 oder 6 Objekten! Zwei Aufnahmen der gleichen Gruppierung!

Links unten: Foul oder nicht foul? Zweimal die gleiche Szene im gleichen Moment photographiert aus zwei Blickrichtungen unter 90⁰.

Links oben: Ungeheuer im Anmarsch? Petroleumpumpen in Kalifornien!

Die zwei Doppelbilder sind vom Photographischen Institut der ETH als Anschauungsmaterial für die Kriminalpolizei erstellt worden: Hier erkennen wir, wie schwer oft Zeugenaussagen zu bewerten sind, wenn man nicht weiß, wo unbewußt Irrtümer unterlaufen können. Sehen wir in der Tiefenstaffelung eine für uns überzeugende Gruppierung, so fällt es uns nicht ein, an andere Möglichkeiten zu denken, besonders nicht an verrücktere.

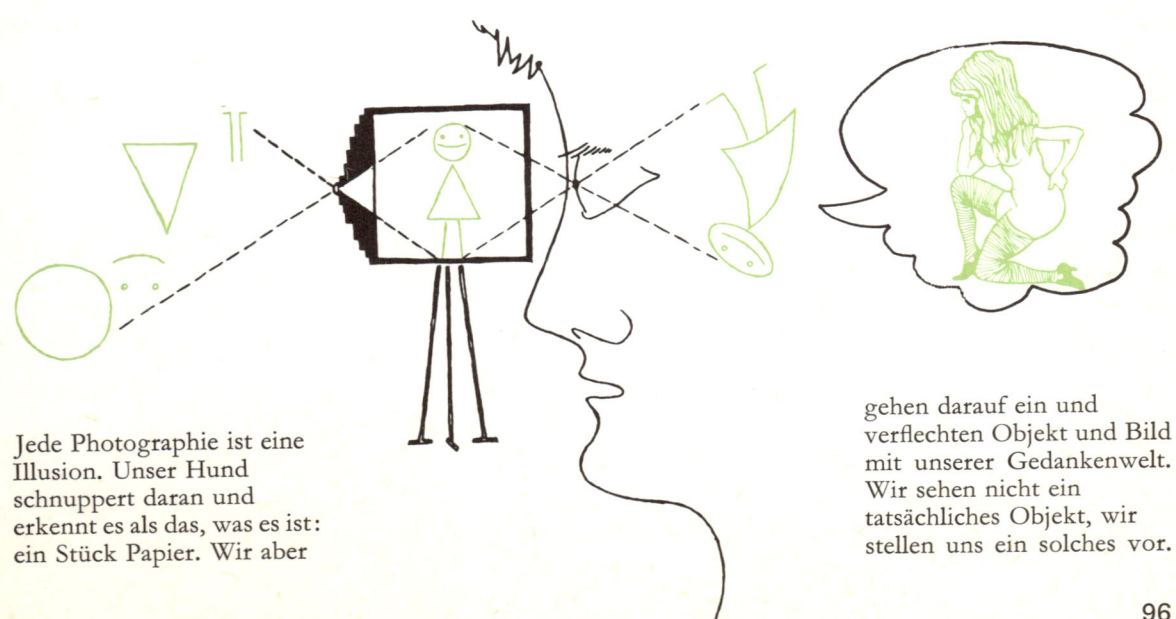

Jede Photographie ist eine Illusion. Unser Hund schnuppert daran und erkennt es als das, was es ist: ein Stück Papier. Wir aber gehen darauf ein und verflechten Objekt und Bild mit unserer Gedankenwelt. Wir sehen nicht ein tatsächliches Objekt, wir stellen uns ein solches vor.

GESINNUNG RICHTEN;

DENN VON DEN

VORSTELLUNGEN NIMMT

DIE SEELE IHRE FARBE AN.

MARC AUREL

NACH DER
BESCHAFFENHEIT DER
GEGENSTÄNDE, WELCHE
DU DIR AM HÄUFIGSTEN
VORSTELLST,
WIRD SICH AUCH DEINE

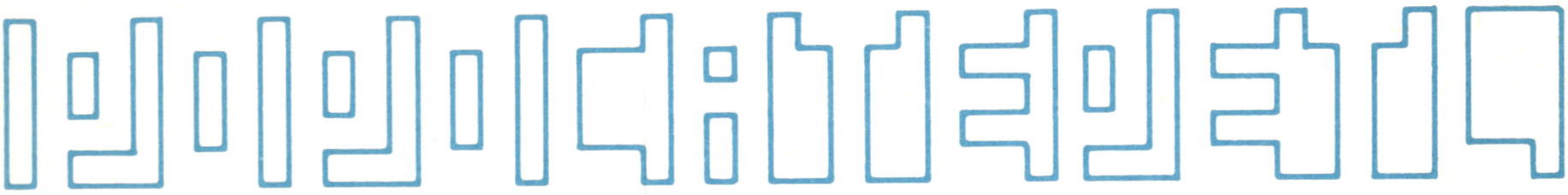

Umschlagende Muster

«Zum Glück für unsere Seelenruhe kommen umschlagende Muster in der Natur nur selten vor. Eines der wenigen Beispiele ist das Zebra mit seiner gleichwertigen Streifung. Im Wechselspiel von Schwarz und Weiß ergibt sich ein Verhältnis zwischen Grund und Figur. Je mehr die beiden Komponenten im Gleichgewicht sind, um so schwieriger wird für uns das Fixieren einer bestimmten Version. Oft schlägt das Muster schon in wenigen Sekunden in sein Gegenteil um» (W. Metzger). Ist nun das Zebra schwarz- oder weißgestreift? Seine Grundform ist dunkel, die hellen Streifen sind eine Neuerwerbung in der Evolution.

Mitte: Geometrisches Muster oder Name eines Anden-Gipfels?

Oben: Salvador Dali, Studie zum Sklavenmarkt: Figuren im Rundbogen oder Büste von Voltaire?

Vordergrund – Hintergrund

Dem gewichtigen Schwarz schreiben wir eher einen Meldewert zu als dem Weiß. Deshalb sehen wir in der mittleren Figur vorerst eine Vase, erst auf den zweiten Blick die sie begrenzenden Profile.

In seiner Lithographie 1957 (oben) versucht M. C. Escher, der hellen und der dunklen Figurengruppe das gleiche optische Gewicht zu geben. Wir sind jedoch nicht imstande, beide gleichzeitig zu erfassen, da wir jede nur auf dem Hintergrund der andern sehen können.

Auch bei der Ita-Täuschung (unten) versuchen wir den Sinn der Zeichen aus dem schwarzen Zwischenraum herauszulesen, bevor wir die drei Anfangsbuchstaben des Wortes Italien erkennen.

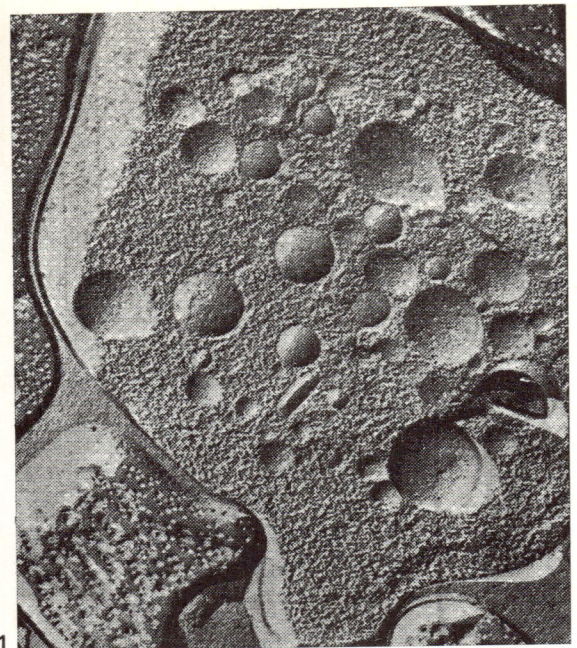

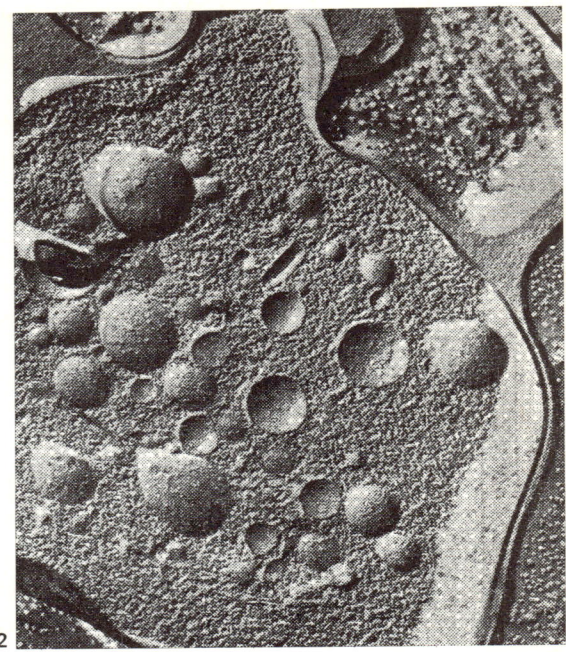

Mulden oder Blasen?

Zweimal das gleiche Bild, Abb. 1 und 2, um 180° gedreht. Es handelt sich um eine Elektronenmikroskopaufnahme eines nach der Gefrierätzmethode präparierten Thrombozyten. Bei genauer Betrachtung stellen wir fest, daß die Blasen im linken Bild zu Mulden im rechten werden und Blasen im rechten Bild zu Mulden im linken Bild.

Den gleichen Effekt bemerken wir bei dem Ammoniten und seinem Negativabguß in Abb. 3 und 4. Beim Drehen des Buches klappen sämtliche Versionen, die man für gesichert glaubte, in ihr Gegenstück um. Eine Festlegung auf konvex oder konkav ist nicht möglich. Sie bleiben frei interpretierbár wie das sogenannte Wundtsche Prisma (Abb. 5), welches man sich abwechslungsweise links oder rechts voll oder hohl denken kann.

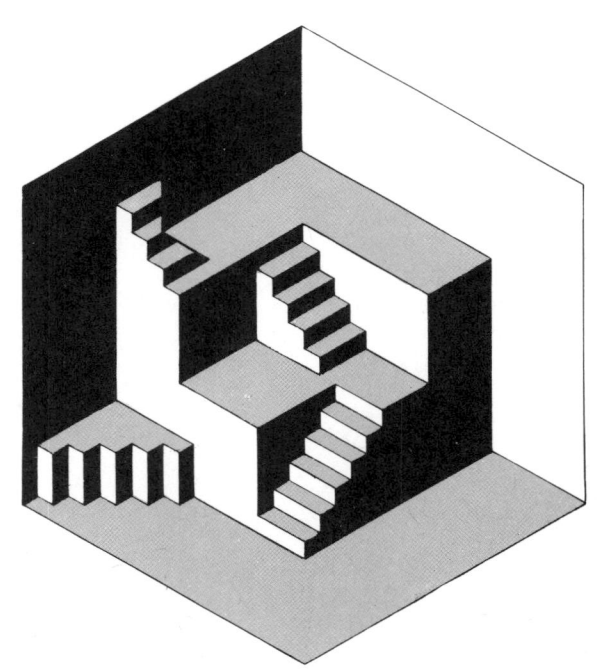

Konvex – konkav

«Konvex – konkav», eine Lithographie von
M. C. Escher, zeigt linker Hand eine konkave,
rechter Hand eine konvexe Komposition. Beide
treffen sich in einer nicht mehr rationalen
Mitte, wo der Fußboden zur Decke wird, wo
außen zu innen umklappt.

Perspektivisch Sehen ist ein erlerntes Kunst-
stück, ein Kulturerwerb. Kinder wie auch
Naturvölker sehen in dargestellten Gegenständen noch keine Plastik. Sie sind gewohnt, das Seh-Ding und das Tast-Ding
gleichzustellen. Unsere alltäglichen Gewohn-
heiten als Rechtshänder mit dem üblichen
Lichteinfall von links oben (man vergleiche die
Möblierung von Schulen, Arbeitsplätzen usw.)
haben uns förmlich eingebläut, daß der Schatten eines Objektes nach rechts unten zu fallen
hat. Dies führt dazu, daß wir unvertrauten Objekten in Bildwiedergaben jene Form zuspre-
chen, die einen Schattenwurf gegen rechts unten ergibt. Darum klappen auch die für uns
noch nicht alltäglichen Mondkrater unverse-
hens in ihr Gegenteil um.

auch die Linkshänder zur Rechts-Konvention. Die funktionelle Asymmetrie erstreckt sich auch auf die «Äugigkeit»: Zwei Drittel der Menschen sind Rechtsäuger. Eindeutige Linksäuger und -händer erkennen in der Abbildung unten vorerst einen Hasen, weil sie mit der linken Hand ein nach rechts gerichtetes Profil zu zeichnen geneigt sind. Rechtshänder sehen aus den umgekehrten Gründen eine Ente.

Auch in unseren Haltungs- und Bewegungseigentümlichkeiten zeigen wir die Bevorzugung einer bestimmten Richtung. Als Rechtshänder führen wir lieber Rechtswendungen aus, so z. B. wählen wir bei zwei genau symmetrischen Treppen fast ausschließlich den rechten Lauf. Auch haben wir gesicherte Berichte von Bergführern, die im Nebel beim Fehlen der gewohnten Orientierungsmerkmale trotz größter Bemühung, eine gerade Marschrichtung einzuhalten, immer nach rechts abweichen. In vollständig unvertrauter Gegend und ohne Kompaß kommt es z. B. in Wüsten oder Polargegenden zu den fatalen Ringwanderungen.

Der große Kunsthistoriker Heinrich Wölfflin untersuchte, wie weit ein seitenverkehrtes Bild von dem Original in seiner Wirkung abweichen kann. Von einem harmonisch aufgebauten Bild sollte man meinen, es könne so stark in sich ruhen, daß ein Umdrehen die Komposition keineswegs stören oder gar zerstören könnte. Das ist aber nicht der Fall. Durch seitenverkehrtes Zeigen einer Diapro-

jektion oder mit Hilfe eines Spiegels läßt sich dieses Experiment mit jeder beliebigen Vorlage leicht verwirklichen. Als Beispiel die Radierung mit den drei Eichen, eine der populärsten Landschaften von Rembrandt. Im Original oben gibt die rechtsstehende Baumgruppe dem Ganzen den Akzent, denn entscheidend für die Stimmung eines Bildes ist das, was auf der rechten Seite liegt, die Art, wie das Bild rechts ausklingt. In der Umkehrung unten werden die Bäume entwertet und der Blick ruht auf der ausgedehnten Fläche der Landschaft. Eine Bewegung, die von links unten nach rechts oben verläuft, wird als steigend, eine entgegengesetzte wird als fallend empfunden..

Links und rechts

Rechts – droit – right – birgt schon im Sprachgebrauch die zweite Bedeutung: richtig, recht.

Links – gauche – left – ist hingegen mit dem Vorurteil des Linkischen, Ungeschickten behaftet. «Sinister» oder «sinistral» hat auch die Bedeutung von «böse, unheilvoll».

Bei genauer Betrachtung erkennen wir, daß unser scheinbar symmetrisch gebauter Organismus morphologisch wie funktionell auf der linken oder rechten Seite überwiegt.

So weichen auch bei einem uns ebenmäßig scheinenden Antlitz die beiden Gesichtshälften überraschend stark voneinander ab. Als Veranschaulichung können wir von einer Frontalaufnahme der Schauspielerin Brigitte Bardot (Abb. Mitte) das «Linksgesicht» (Abb. unten) und das «Rechtsgesicht» (Abb. oben) vergleichen. Mit einem Handspiegel läßt sich dieser Versuch an jeder Bildvorlage ausführen. Aufgrund vieler Versuche charakterisiert Dr. Werner Wolff die rechte Gesichtshälfte als dem Leben zugewandt. Sie vermittelt die Wesenszüge, die der Mensch auch im Leben bewußt darstellen will. Bei der linken «dämonischen Nachtseite» treten die individuellen Züge zurück; sie vermitteln die verborgenen, vom Unbewußten geprägten Charakterzüge des Menschen.

Die rechte Seite wirkt dem Normalbild ähnlicher, entwickelter, ausdrucksvoller und männlicher, während die linke vager, weicher und weiblicher anmutet. Sicher ist dies mit ein Grund, daß Maler und Bildhauer mit Vorliebe bei weiblichen Gestalten das Linksprofil, bei männlichen die rechte Seite abzubilden pflegen.

Diese Verschiedenheit der Gesichtshälften hat seine Entsprechung im Hirn. Durch die Kreuzung der Nervenbahnen wird die rechte Gesichtshälfte von der linken Hirnhälfte gesteuert, dem Sitz aller rationalen, bewußten Prozesse. Die linke Gesichtshälfte wird von der rechten Hirnhemisphäre geleitet, über deren Bedeutung wir noch zu wenig wissen und die den Ausdruck des Unbewußten wiederspiegelt.

Die Frage der «Händigkeit» beschäftigte schon die antiken Philosophen. Platon glaubte, daß der Mensch zu einem gleichwertigen Einsatz beider Hände veranlagt sei. Der Basler Ethnologe und Prähistoriker Paul Sarasin kam aufgrund seiner Untersuchungen von Steinwerkzeugen der ältesten Steinzeit zu dem Schluß, daß ebensoviele Individuen Links- wie Rechtshänder waren. Erst die Zivilisation scheint mit zunehmender Technisierung der rechten Hand den Vorzug zu geben, möglicherweise durch den Zufall rechtshändig abgestimmter Serien von Gebrauchsgegenständen. Über Jahrtausende zwang dann die Erziehung

des Hirns: Hier wird ausgedeutet, werden Schlüsse formuliert, Reaktionen abgestimmt. Die meisten Täuschungen sind Fehlurteile dieses Gremiums, das oft sehr orthodox vollständig Neues den alten eingeprägten Gewohnheitsbildern «unbesehen» zuordnet.

Mit den Eindrücken der äußeren Welt bauen wir den Reichtum des Erinnerungsfeldes auf. Im Traum mischt das Hirn unsere Erinnerungsbruchstücke zu einem eigenen inneren Geschehen, mit einer der Realität ebenbürtigen Eindrücklichkeit. Mit offenen Augen projizieren wir unsere Gedächtnisfragmente in das Gesehene: zum Beispiel die Klecksbilder des Rorschachtestes sprechen die in uns gestapelte persönliche Bildwelt an (vgl. Abb.).

Die Hohlmaske eines Gipsabgusses (Abb. rechts), durch die «einäugige» Kamera wiedergegeben, nimmt uns die Möglichkeit, die Raumtiefe mit unserem stereoskopisch angelegten Augenpaar zu erfassen. Wir sehen sogar bei der seitlich gekippten Hohlform ein Normalgesicht. Es kostet uns geradezu Überwindung, die ausgemalte Hohlmaske des menschlichen Gesichts konkav zu sehen. Diesen Versuch kann man leicht mit einer Fasnachtsmaske bei einäugiger Betrachtung wiederholen.

Im Wechselspiel des Vergleichs, des Glaubens, des Wissens und Erkennens steigern und nähern sich die äußeren und inneren Welt-Puzzles in einem Prozeß, der ähnlich verläuft wie die Einsicht des blinden Freundes, von dem Einstein in der Anekdote erzählt: Ich spazierte eines heißen Tages auf dem Lande mit einem blinden Freund und sagte, daß ich gern einen Trunk Milch haben würde. – «Milch?» sagte mein Freund. «Trinken versteh' ich, aber was ist Milch?» – «Eine weiße Flüssigkeit», antwortete ich. – «Flüssigkeit versteh' ich, aber was ist weiß?» – «Die Farbe einer Schwanenfeder.» – «Feder versteh' ich, aber was ist ein Schwan?» – «Ein Vogel mit einem gebogenen Hals.» – Darauf verlor ich die Geduld, ergriff seinen Arm und streckte diesen geradeaus: «Das ist gerade», sagte ich, und dann bog ich seinen Arm am Ellbogen ein: «Das ist gebogen.» – «Ah!» sagte der Blinde, «jetzt weiß ich, was Sie mit Milch meinen!»

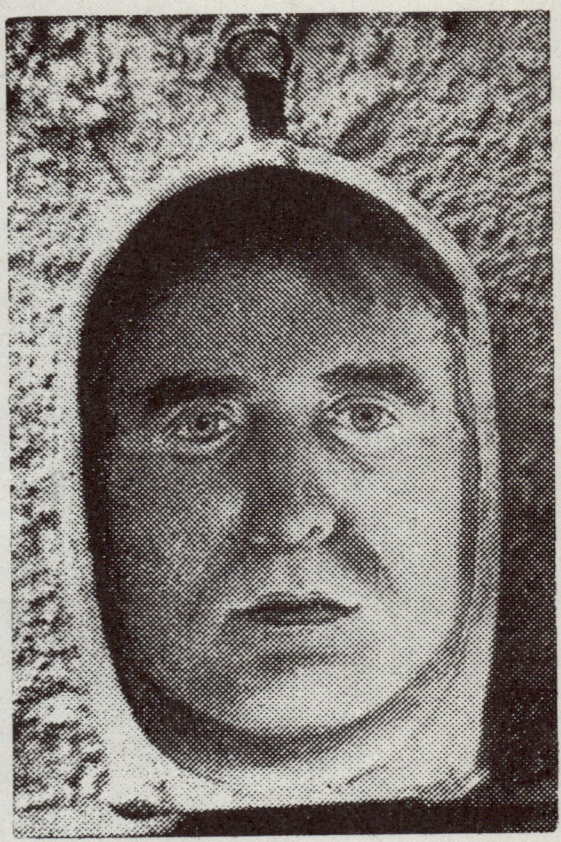

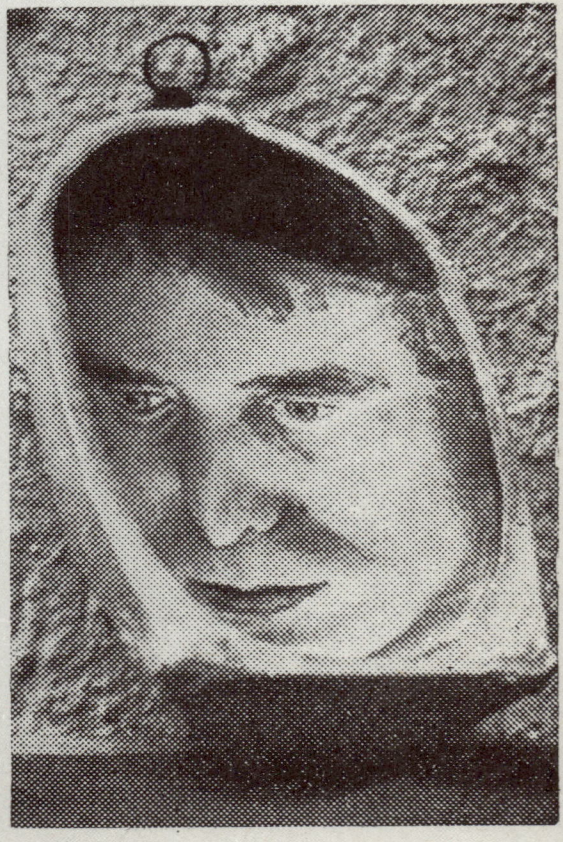

Objekt — Lichtreiz — Auge

Optisches Erinnerungszentrum

Sehzentrum

Mit den Augen des Geistes

Auf einen kritischen Hinweis, seine Darstellung des Atoms sei nicht ganz richtig, gab Fritz Kahn die weise Antwort: «Falsch ist es schon, aber es ist verständlich!» So ist auch unsere Veranschaulichung des Wahrnehmungsvorgangs eine grobe Vereinfachung, zeigt aber, daß das gesehene Ding und unsere Vorstellung davon so verschieden sind wie das Mädchen, das dem Maler Modell steht, und das Bild, das er von ihm macht.

Mit den Augen vollziehen wir den Prozeß vom Sehen über das Wissen bis zum Erkennen. Die

Umgangssprache meint Überlegen, wenn sie vom Sehen spricht, von Um-, Vor-, Rück- und Einsicht, von Anschauung oder gar von Weltanschauung. So geht auch die Bezeichnung von Sehen und Wissen aus der gleichen Wurzel hervor, die im Griechischen Aussehen, Vorstellung, Idee, Traum oder Trugbild bezeichnet. Die Oberflächenmeldung vom Objekt wird über das Auge dem Sehzentrum übermittelt. Ist das Sehzentrum defekt, so können wir das Gesehene nicht mehr erkennen, wir sind seelenblind. Erst das optische Erinnerungsfeld erkennt, in unserem Bild dargestellt durch die Herrenrunde in der Alchimiekuppel des Tages, das rote Licht der Abendsonne, oder das gelbe einer elektrischen Glühbirne darauf fällt. Ein komplizierter Verrechnungsapparat «errechnet» die Reflexionseigenschaften des Papieres aus der Farbe der einfallenden Beleuchtung und der vom Gegenstand im Augenblick reflektierten Wellenlängen.

Ein anderes Konstanzphänomen betrifft die Form von Gegenständen. Während meine Hand die Brille vor meinen Augen dreht, sehe ich sie unverändert als dasselbe räumliche Gebilde, obwohl ihr Bild auf meiner Netzhaut sehr mannigfaltige perspektivische Formveränderungen erfährt. Der sensorische und neutrale Apparat, der dieses leistet, vollbringt ganz gewaltige Leistungen stereometrischer Verrechnungen, über die wir uns wegen der Alltäglichkeit des Vorganges nicht genug wundern.

All diese hochkomplexen Leistungen der Verrechnung sind sicher im Dienste der sogenannten Dingkonstanz entstanden, d. h. unter dem Selektionsdruck des Bedürfnisses, einen bestimmten individuellen Gegenstand unter allen nur denkbaren Bedingungen der Wahrnehmung als denselben wieder zu erkennen. In seiner Gesamtheit aber vermag dieser Apparat etwas zu leisten, was der wirklichen, rationalen Abstraktion funktionell gleichkommt und sehr wahrscheinlich eine Vorbedingung für ihre Entstehung ist. Er kann nämlich seine Fähigkeit, essentielle, dem Gegenstand anhaftende Eigenschaften von dem Hintergrunde des Akzidentellen abheben, auf Gruppen von Gegenständen ausdehnen.

Eine dritte Leistung, die Vorbedingung für die Fulguratio des Menschen gewesen sein muß, ist die Tradition, die es bei vielen höheren Tieren auch schon gibt. Bei diesen bleibt sie aber stets an das Objekt gebunden, da bei keinem Tier die Fähigkeit zu freier Symbolbildung vorhanden ist. Darin ist wohl auch der Grund zu sehen, daß bei keinem uns bekannten Tier traditionelles Wissen dazu neigt, zu kumulieren. An der Menschwerdung sind noch andere präexistente und nicht spezifische Leistungen beteiligt, eine genaue zentrale Repräsentation räumlicher Gegebenheiten, die Fähigkeit zur Willkürbewegung, zur Nachahmung und andere. Die drei oben erwähnten Fähigkeiten aber genügen, um aufzuzeigen, wie durch ihren Zusammenschluß eine völlig neue und keinem einzigen Tiere eigene Systemeigenschaft zustande kommt, nämlich die Fähigkeit zu begrifflichem Denken. Exploration und Selbst-Exploration vollbringen sehr wesentliche im

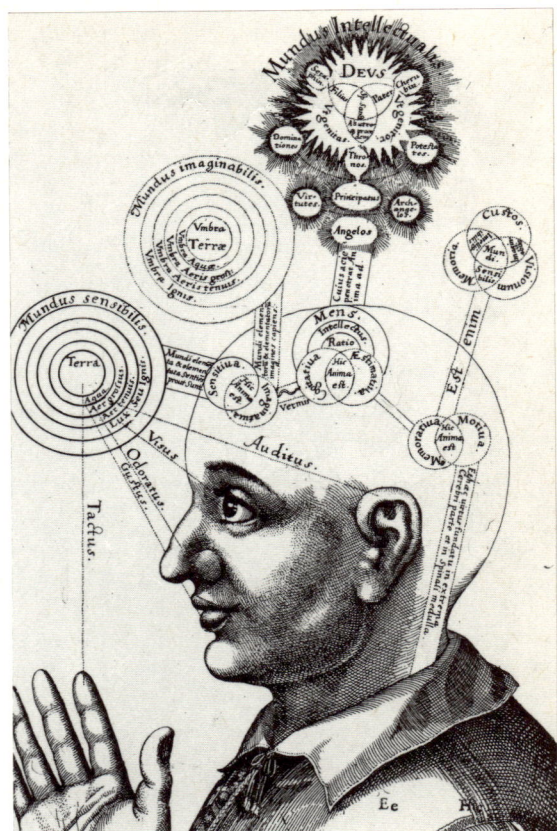

A Universe Within the Mind. Eine Darstellung des englischen Arztes Robert Fludd, 17. Jh.

begrifflichen Denken enthaltene Leistungen. Ihre Resultate aber können ohne den Zusammenschluß mit abstrahierenden Leistungen und mit der Tradition nie zum gemeinsamen Gut der Gesellschaft werden. Nur ihr Zusammenschluß zu einer einzigen Leistung erzeugt die Möglichkeit zur Bildung freier Symbole, zur syntaktischen Wertsprache und damit zu jener Kumulation von überindividuellem Wissen, Können und Wollen, die wir als Kultur zu bezeichnen gewohnt sind.

Es entsteht mit dieser Fulguration eine völlig neue biologische Eigenschaft des Menschen. Es kommt zu einer neuen Art von Vererbung, die nicht mehr und nicht weniger bedeutet, als die viel umstrittene Vererbung erworbener Eigenschaften. Wenn ein Mensch Pfeil und Bogen erfindet, so hat fortan nicht nur seine Nachkommenschaft, sondern seine ganze Sozietät, ja vielleicht die ganze Menschheit diese Werkzeuge in festem Besitz. Ein großer Mann kann Erkenntnisse auf die ganze Menschheit vererben, ein jüngerer kann einem älteren neue Kenntnisse übertragen. Es kommt zu einer nie dagewesenen Form der Unsterblichkeit des Geistes.

Vom menschlichen Geist

von Konrad Lorenz

Die Mystiker des Mittelalters nennen die unvoraussagbare Entstehung von nie Dagewesenem «Fulgoratio». Sie denken dabei natürlich an einen Blitz, den der Schöpfer ausgesandt hat und durch den er auf das Werden des realen Seins einwirkt. Dieses Wort paßt ganz merkwürdig gut auf das reale Geschehen, das ohne Verstoß gegen Naturgesetze nie Dagewesenes hervorbringt. Wenn wir in einem Modellsystem an einer unerwarteten Stelle einen Fulgur, einen Funken, sehen, so denken wir zunächst an einen – Kurzschluß! Wir denken, daß irgendwo eine vorher vorhandene Isolierung durchbrochen wurde, mit anderen Worten, daß zwei Systeme in Verbindung gelangt sind, die bis dahin getrennt waren, und so kann, wie eben ausgeführt, etwas völlig Neues entstehen. Fulgurationen dieser Art finden sich im Laufe der Evolution auf Schritt und Tritt. Die Entstehung des Lebens selbst ist wohl die weitaus größte unter ihnen. Wer eine Definition des Lebens zu geben versucht, wird in ihr sicherlich neben den energetischen und den kognitiven Lebensfunktionen auch die Strukturen der Kettenmoleküle des Genoms erwähnen, die dem Erwerb und der Speicherung von Information dienen.

Wie aber steht es mit dem zweiten großen Hiatus in der Schichtenfolge des realen Seins, mit der Stufe, die vom Tiere zum Menschen em-

porführt? Ist auch dieser Wesensunterschied aus einer historisch einmaligen Fulguratio entstanden, in der neue Systemeigenschaften durch Integration unabhängig existenter Systeme entstanden sind? Ich glaube, daß dies in der Tat der Fall ist und daß die für den Menschen als Kulturwesen kennzeichnenden Eigenschaften und Leistungen aus dem Zusammenschluß von präexistenten, bei höheren Tieren schon vorkommenden Strukturen und Funktionen erklärbar sind. Einige Beispiele von solchen mögen hier erwähnt sein.

Das sogenannte Neugierverhalten der Tiere besteht darin, daß einem unbekannten Objekt gegenüber versuchsweise eine ganze Reihe der dem Tiere zur Verfügung stehenden Verhaltensweisen durchprobiert werden. Ein junger Kolkrabe behandelt jedes unbekannte Objekt hintereinander zuerst als gefährlichen Feind, dann als zu tötende Beute, darauf als Nahrung und schließlich als indifferentes Material, mit dem man beispielsweise wirkliche Nahrung bedecken und verstecken kann. Wenn der Vogel Bewegungsweisen der Nahrungsaufnahme an diesem Objekt probiert, ist er nicht etwa von Hunger motiviert, er will, anthropomorph gesagt, nicht fressen, sondern wissen, ob dieser Gegenstand im Prinzip freßbar sei. Die Forschung ist also im wahrsten Sinne des Wortes sachlich.

Man kann sich nun recht gut vorstellen, daß ein Anthropoide, der bei der Exploration der Außenwelt vor allem die eigene Hand benutzt, und sie dabei dauernd im Gesichtsfeld hat, auch diese in den Bereich seines Neugierverhaltens einbezieht und so zur Selbst-Exploration kommt, die bei den Menschenaffen recht deutlich zu beobachten ist. Wenn der Affe aber bemerkt, daß die Hand, die hier den Gegenstand ergreift, selbst ein Gegenstand der realen Umwelt ist, liegt die Reflexion schon sehr nahe, die das Greifen zum Begreifen macht.

Eine andere vom explorativen Verhalten völlig unabhängig evolvierte Leistung, die, wie jene, oft für spezifisch menschlich gehalten worden ist, stellt jene Abstraktion dar, die von unserer Wahrnehmung, im besonderen von unserer Gestaltwahrnehmung, geleistet wird. Alle sogenannten Konstanzleistungen der Wahrnehmung vollbringen echte Abstraktionsleistungen. Unsere Farbwahrnehmung zum Beispiel abstrahiert die einem Dinge konstant anhaftenden Reflexionseigenschaften unabhängig von den im Augenblick zufällig vorherrschenden Farben der Beleuchtung. Wir sehen ein Papier weiß, unabhängig davon, ob das weiße Licht

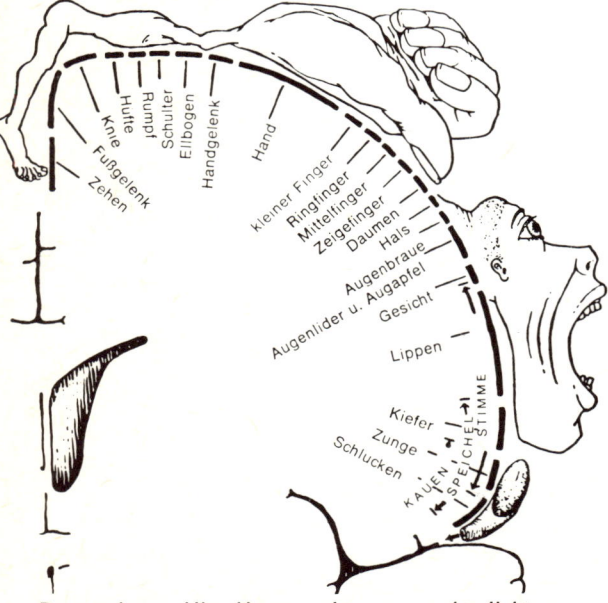

Der moderne «Hirn-Homunculus» veranschaulicht, welche Teile der Hirnrinde verantwortlich sind für die verschiedenen Körpergebiete. Dargestellt von Dr. Wilder Penfield.

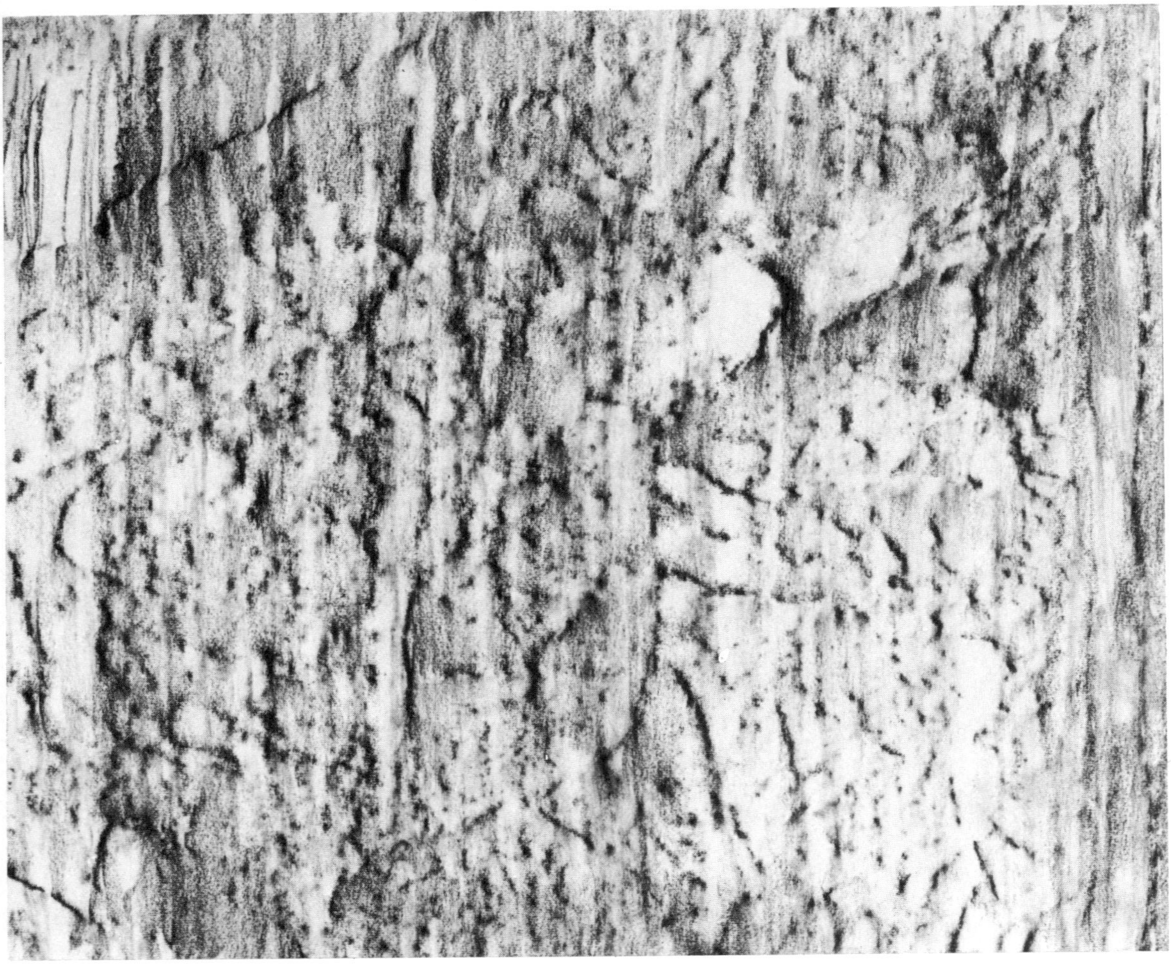

Die Unruhe des Geistes

«Betrachte eine Wand, die durch Nässe fleckig geworden ist oder einen Stein von unregelmäßiger Farbe. Wenn du Hintergründe zu erfinden hast, wirst du bald imstande sein, in ihnen herrliche Landschaften . . . zu sehen.» (Leonardo.) Was immer uns unter die Augen kommt, sind wir gewohnt, vertrauten Bildern zuzuordnen. Wir sehen Folgen von Figuren in den wandernden Wolken, in den flackernden Flammen des Feuers oder lösen die abstrakte Struktur einer Wand (Abb. oben) in Gestalten auf.

Bieten wir dem Auge ein vollkommen neutrales, «sinnloses» Punktmuster an (Abb. rechts), ertappen wir nach längerem Betrachten unser Hirn bei einer Reihe von Versuchen, die Punkte zu gruppieren, in Reihen, Quadraten, Kreuzformen, Eckfeldern.

Oft sehen wir eine Wolke, drachenhaft, oft Dunstgestalten gleich dem Leu, dem Bär, der hochgetürmten Burg, dem Felsenhang, gezackter Klipp und blauem Vorgebirg, mit Bäumen drauf, die nikken auf die Welt, mit Luft die Augen täuschend. (SHAKESPEARE, ANTONIUS UND KLEOPATRA)

Der Strich

Würde unser Hirn nicht ständig nach Zusammenhängen Ausschau halten, so hätten es z. B. Zeichner und Karikaturisten schwer. Aber dem Auge müssen nur wenige Anhaltspunkte gegeben werden, das Hirn ergänzt rasch das Fehlende oder das ihm Genehme. Eine einzige Linie kann bereits genügen, phantasiereiche Verbindungen zu schaffen zu einem Bild: Horizont, Stange, Notenlinie, Wäscheleine, Raumbegrenzung, Bruchstrich und so weiter. Die untenstehenden Linien stehen dem Leser für seine Projektionen zur Verfügung.

Gedachte Linien

Feine Punkte in wenigen Millimetern Abstand werden leicht als Linie gesehen, wobei die Punkte die Brücken bilden, über die der Blick geleitet wird. Solche gedachten Brückenlinien können den Forscher auch täuschen, wie es dem Astronomen Schiaparelli 1888 unterlief, als er die einzelnen Flek-

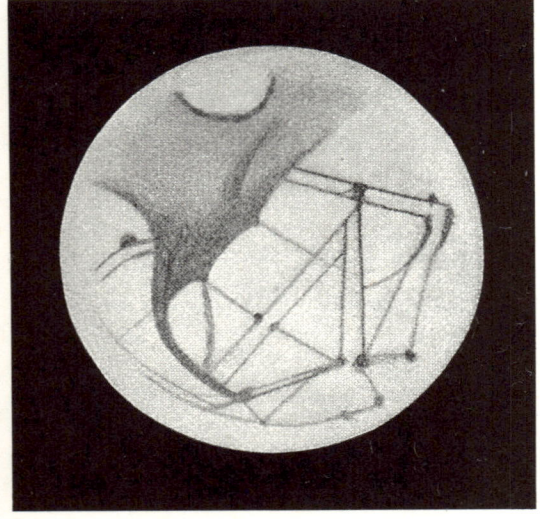

ken auf dem Mars mit Bezugslinien verband (Abb. 2) und so die berühmten «Kanäle» entdeckte.
Schon die Sternkundigen des Altertums versuchten, die einzelnen Sterngruppen zu Bildern auszudeuten und zu benennen, wie beispielsweise die chinesische Interpretation des Großen Bären oder Himmelswagens (Abb. 1).

Figuren?

Auch Gruppen von Flecken und Figuren-Gruppierungen, die uns beim ersten Anblick nur eine unbefriedigende Auskunft geben, versuchen wir genauer zu erfassen, um ihren Sinn klarer auslegen zu können. Was dabei herauskommt, ist eine gedachte Bedeutung: Im obern Bild ein sitzender Foxterrier; im untenstehenden Bild von Bracelli 1624 finden wir in den unwahrscheinlichen Häuserzügen den Bildtitel «Temple érotique» bestätigt.

Roß und Reiter

«Hier schuf die Phantasie noch vieles mehr.
Kunstvoll die Täuschung, fest gefügt und
kühn.
Achilles' Bild vertrat hierbei sein Speer,
In Panzerfaust gehalten, ohne ihn,
der nur dem geist'gen Auge sichtbar schien:
Ein Arm, ein Fuß, ein Kopf, ein Helm, ein Bein
mußt' Stellvertretung für das Ganze sein.»

SHAKESPEARE, DIE SCHÄNDUNG DER LUKREZIA

Während des Betrachtens dieser Figur sollten wir uns selbst beim Verlust unserer Naivität beobachten: Vorerst sehen wir eine bedeutungslose Anordnung von Flecken. Beim Drehen des Bildes gelingen uns einige Ausdeutungen von Fleckengruppen. Sobald wir Roß und Reiter erkannt haben, ist die Sinngebung des Bildes in unserer Erinnerung derart fixiert, daß wir uns vergeblich bemühen, die sinnfreie Fleckengruppe und damit unsere ursprüngliche Naivität zurückzugewinnen.

Eskimos können besonders rasch und sicher versteckte Figuren in einem verwirrenden Durcheinander entdecken, wie Tests mit Personen verschiedener Kulturformen ergaben. Wer gewohnt ist, Eisbären trotz ihrer weißen Tarnfarbe in Schnee und Eis auszumachen, dessen Gehirn hat ein größeres Auflösungsvermögen für schwer unterscheidbare optische Eindrücke entwickelt.

Gestaltwahrnehmung

Bei Betrachtung eines Bildes erkennen wir sehr rasch das Vertraute. Dabei gewöhnen wir uns eher an einfache als an komplizierte Figuren. Geschlossene und überblickbare Gestalten haben den Vorrang vor offenen oder unbegrenzten Formen und Flächen. Durch die einfache Figur lassen wir uns zu der Annahme verleiten, alle Bildkomponenten gesehen zu haben. Dabei übersehen wir das Wesentliche, nämlich daß die spulenförmige Figur das linke und der kreuzförmige Stern das rechte Bild formt und dadurch die Quadrate erst entstehen.

Die beiden unteren Figuren bringen uns ähnlich wie ein Vexierbild dazu, uns auf rasch erfaßbare Gestalten festzulegen, was es uns erschwert, die weniger auffälligen Figuren aus der unvertrauten Umgebung herauszuschälen, wie das «N» aus der Abbildung links unten und die Zahlen aus dem «graphischen Gewölk» der rechten Abbildung.

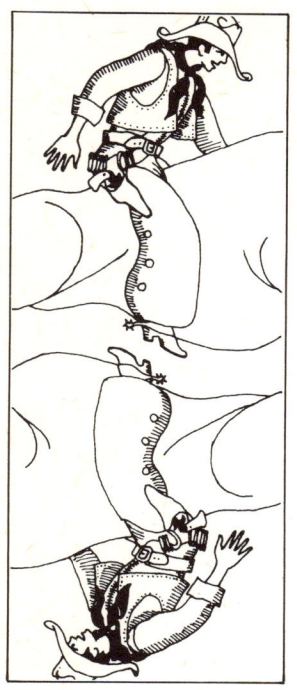

Intelligenztest?

1. Man schneide oben das Rechteck mit den beiden Reitern aus und versuche sie auf die beiden Rindviecher zu bringen.

2. Man finde in dem Mosaik links den fünfzackigen Stern.

3. Man suche auf dem unteren Bild drei gleiche Sechsecke, drei gleiche Kisten und drei gleiche Rechtecke mit nach unten weisender Spitze.

Wer dies sehr schnell kann, ist intelligent, wer nicht, ist dumm! Aber: Es wäre eine Illusion zu glauben, auf diese fahrlässige Weise wäre die Wachsamkeit unseres Geistes zu messen! Einem Verlagslektor mag ein winziger Fehler geradezu ins Auge «stechen», der Leser liest über Satzteile achtlos hinweg. Der tägliche Umgang unserer Sinne mit den Dingen unserer persönlichen Welt läßt uns das sehen, was uns wichtig ist: Was uns gut im Griff liegt, begreifen wir auch.

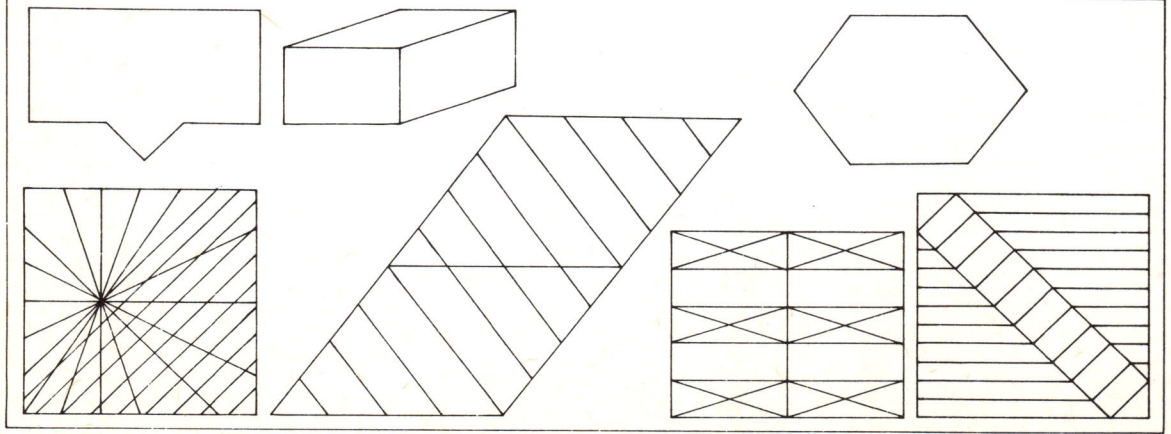

Der Zerr-Raum

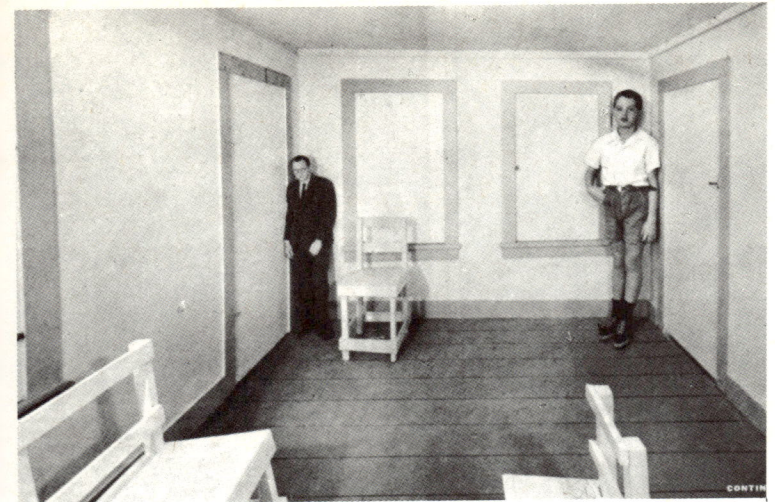

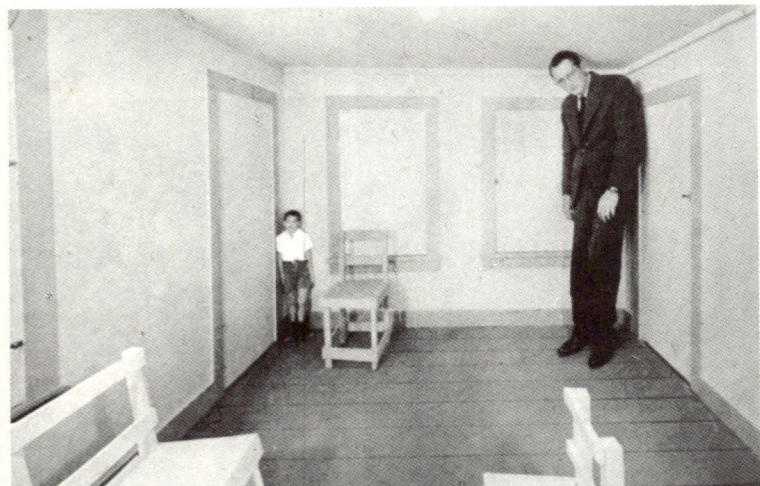

Zweimal der gleiche Raum, zweimal Vater und Sohn. Die drei den Raum begrenzenden Wände stehen lotrecht, aber die Zimmerecken sind nicht rechtwinklig. Zudem liegt der Boden in der weiter entfernten linken Ecke tiefer, in der rechten, näheren Ecke höher. Von einem bestimmten Standort aus decken sich alle Kanten des verzerrten Zimmers mit jenen eines rechtwinkligen Zimmers größeren Inhalts. Nehmen wir dem Betrachter die Möglichkeit einer Tiefenkontrolle mit dem zweiten Auge und lassen den Raum durch ein Guckloch beurteilen, so wird er sich das Zimmer «rechtwinklig zurechtdenken» und ist nicht mehr in der Lage, die Personen im richtigen Größenverhältnis zueinander zu sehen. Unsere Prägung auf die von uns geschaffene Kulturwelt des rechten Winkels ist so stark, daß sie uns die Falschmeldung «normales Zimmer» als Realität aufzwingt.

Angehörige von Kulturen, die nur wenige Erfahrungen mit Geraden und rechten Winkeln haben, beispielsweise Zulus der Rundhüttenkultur, unterliegen diesen Raumtäuschungen weniger oder überhaupt nicht.

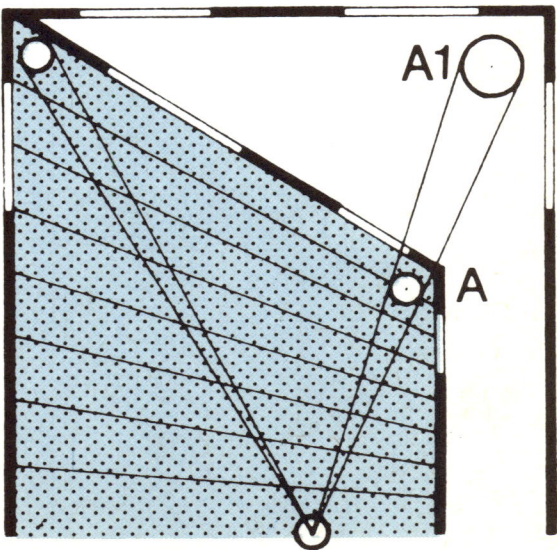

In dem perspektivisch verzerrt gebauten Zimmer projizieren wir die Person in der Ecke A übergroß in die von uns gedachte rechtwinklige Ecke A1.

Verhaltensmuster

Der Verhaltensforscher Konrad Lorenz untersucht die große Breite, innerhalb welcher ein merkmalarmes angeborenes Schema eine Instinkthandlung auslöst. Eine Gans rollt instinktiv aus der Nestmulde herausgerutschte Eier zurück. In die Kategorie der zurückrollwürdigen Objekte fallen auch Ostereier aus farbiger Pappe, aus Gips gegossene Zylinder oder ein Würfel (Abb. 2). Die Ganzflächigkeit des Objekts scheint optisch bereits zu genügen. Die Rollreaktion wird eingeleitet, wenn die zusätzliche Härtekontrolle der Oberfläche mit dem Schnabel befriedigt. Angeborene Auslösemechanismen spielen auch bei uns eine Rolle, beispielsweise bei unserem Verhalten gegenüber kindlichen Formen (Abb. 1): großer runder Kopf, tief unten liegende Augen, gewölbte Wangenpartie und täppische Bewegungen lösen bei uns den Pflegetrieb aus, gleich, ob die Merkmale von einem Kind oder von einer Attrappe, wie Puppe oder Tier, präsentiert werden. Besonders die Produkte der Puppenindustrie und der Comics sind Ergebnisse auf breitester Basis angestellter Attrappenversuche.

1

2

Die tägliche Reizflut der Werbung dressiert unseren Blick und unser Urteil im wirtschaftlichen, politischen und religiösen Bereich. Jedes Jahr werden über 60 Millionen Kinder in die verschiedensten Prägungssysteme der Welt hineingeboren:

Hysterische Steigerung zum leeren Idol (Abb. 3), Indoktrinierung eines unbändigen Hasses auf ein Feindbild (Abb. 4), was werden diese Kinder als Erwachsene denken, und wie werden sie durch die Brille ihrer Vorurteile die Welt sehen?

3

4

Die Zeittäuschung

Der Anachronismus, die Falschdatierung, wird erst seit Ende des 18. Jh. in Malerei und Literatur als störend empfunden, weil von da ab bewußt die verschiedenen Epochen in ihrer Lebensart und Denkweise charakterisiert werden. Für den modernen Realismus ist «Die Beschneidung Christi» ein Unding! Die Abbildung rechts oben zeigt einen Bildausschnitt mit dem betagten augenschwachen Hohepriester Simeon. «Oculos de vitro cum capsula» (Augen von Glas mit einer Fassung) für Weitsichtige gab es erst Ende des 3. Jh., Konkavlinsen für Kurzsichtige erst Anfang des 15. Jh. – Wann entdeckte Kolumbus mit seinem Fernrohr (Abb. links oben) Amerika? 1609 verbessert Galilei das kurz vorher von einem holländischen Brillenmacher erfundene Fernrohr von drei- auf fünfzigfache Vergrößerung.

A rocket explorer named Wright
Once traveled much faster than light.
   He set out one day
   In a relative way,
And returned on the previous night.

Anachronismus

Jene reizende Adele,
die er einst mit ganzer Seele
tiefgeliebt und hochgeehrt,
die ihn aber nicht erhört,
so daß er, seit dies geschah,
nur ihr süßes Bildnis sah.
Transpirierend und beklommen
ist er vor die Tür gekommen,
oh, sein Herze klopft so sehr,
doch am Ende klopft auch er.
«Himmel», ruft sie, «welches Glück!»
(Knopp sein Schweiß, der tritt zurück.)

Aus der Knopp-Trilogie von Wilhelm Busch.

Mit dem Fernrohr blicken wir nicht nur in die Tiefen des Weltalls hinein, sondern gleichzeitig in die Vergangenheit zurück. Wir sehen die Sterne nicht so, wie sie sind, sondern wie sie vor langer Zeit waren. Wir werden niemals in der Lage sein, das Himmelsbild «à jour» zu bringen. Vom Fixstern Bellatrix im Orion empfangen wir 360jähriges Licht, das er entsendete, als Galilei und Kepler die Gesetze der kreisenden Planeten erforschten.

Deneb im Schwan, 1400 Lichtjahre: Völkerwanderung

Galaktischer Haufen NGC 2362, 5410 Lichtjahre: Sumerische Stadtkulturen in Mesopotamien

Andromedanebel, 1,8 Millionen Lichtjahre: Morgendämmerung des Menschengeschlechts

Galaxienhaufen im Großen Bär, 650 Millionen Lichtjahre: Früheste Lebewesen im Meer.

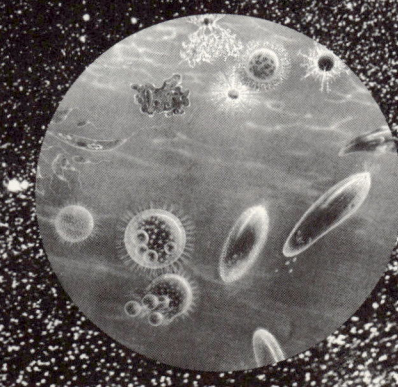

«Solcherley mannen und Steyn groß oder clein sind Meist abhanden komben...» heißt es bei dieser naiven mittelalterlichen Darstellung.

Errechneter Irrtum

Seit jeher haben Laien und Gelehrte zu ergründen versucht, wie alt die Erde ist und wie lange sie wohl noch existieren könnte.

Die wohl «präziseste» Berechnung gelang nach mühevoller Addition aller biblischen Zeitabschnitte dem irischen Bischof James Ussher, der 1654 verkündete, daß Gott der Herr am Sonntag, dem 26. Oktober 4004 vor Christi Geburt um 9 Uhr morgens sein Werk vollendet hatte.

Nicht minder genau kalkulierte Michael Stifel, Pfarrer der ostdeutschen Kirchgemeinde Lochau, den Weltuntergang voraus. Überzeugt, daß der Heiligen Schrift ein geheimer Zahlensinn innewohnen müsse, dechiffrierte er sich einen Text aus der Offenbarung I, indem er Buchstaben als Ziffern deutete, um auf diese Weise auf die Zahl 18 101 533 zu kommen. Dann verkündete er von der Kanzel, daß am 18. 10. 1533 Lochau mit der ganzen Welt untergehen würde. Bis zum Sonnenaufgang dieses Tages warteten die Lochauer auf ihren Untergang. Um 9 Uhr verprügelten sie ihren Propheten.

Antipoden gibt es nicht

Der Kirchenvater Lactantius klärt im 3. Jh. das Antipodenproblem eindeutig ab: «Kann jemand so närrisch sein zu glauben, daß es Menschen gibt, deren Fußsohlen nach oben und deren Köpfe nach abwärts gerichtet sind? (Abb. unten links.) Oder daß es Gegenden gibt, wo Bäume und Sträucher abwärts wachsen, oder Regen und Hagel aufwärts fallen? Absurd und lügenhaft sind solche Behauptungen.» – Das kirchliche Oberhaupt der apostolischen Katholiken von Illinois (USA), Wilbur G. Voliva, bestätigte uns 1952 (!) nach mehrmaliger Überfliegung des Erdballs: «Die Erde ist flach wie eine Untertasse. Antipoden gibt es nicht.»

Letzte Verbrennung der Erden, aus den Physica sacra des Zürcher Stadtarztes Johann Jakob Scheuchzer, 18. Jh.

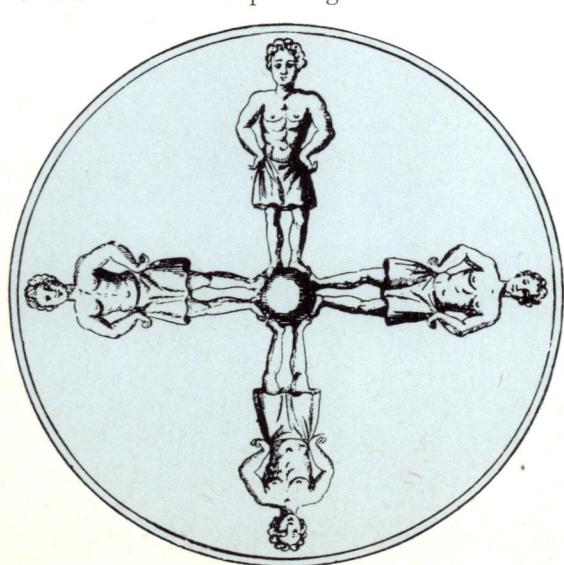

Was Landkarten betrifft

Das gleiche Gebiet findet man auf Karten verschiedener Projektionsart in anderer Form dargestellt.

1. Die orthographische Projektion ist weder winkel- noch flächentreu.

2. Die für die Schifffahrt dienliche Mercator-Zylinderprojektion ist nur winkeltreu.

3. Die stereographische Projektion ist lediglich auf korrekte Winkel aufgebaut.

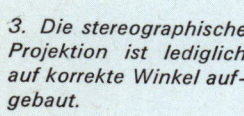

4. Auch in der Globularprojektion stimmen weder Winkel noch Flächen.

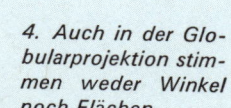

5. Im neuen Versuch von Peters stimmen nur die Größenverhältnisse der einzelnen Länder.

Es gibt nur eine Möglichkeit, die Erde getreu abzubilden, nämlich die verkleinerte Erdkugel, den Globus. Eine Kugel läßt sich nicht verzerrungsfrei in eine Ebene bringen.

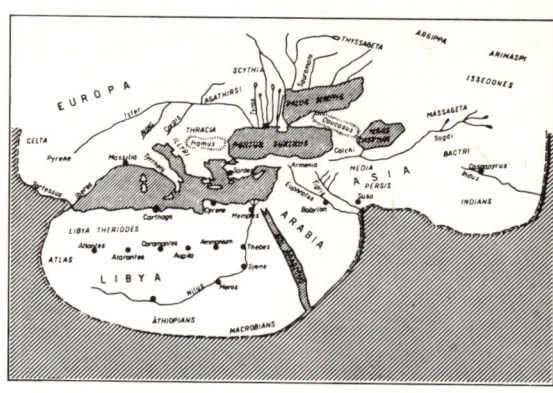

Die geographischen Begriffe Länge und Breite wären bei einer Fläche verständlich, nicht aber bei einer Kugel. In der Tat gehen diese Bezeichnungen auf den Levantiner Herodot (5. Jh. v. Chr.) zurück: Weil das Reisen im Mittelmeerraum von Osten nach Westen länger dauerte als in nord-südlicher Richtung, nannte er die Ost-West-Ausdehnung «Länge» und die andere kürzere Richtung «Breite».

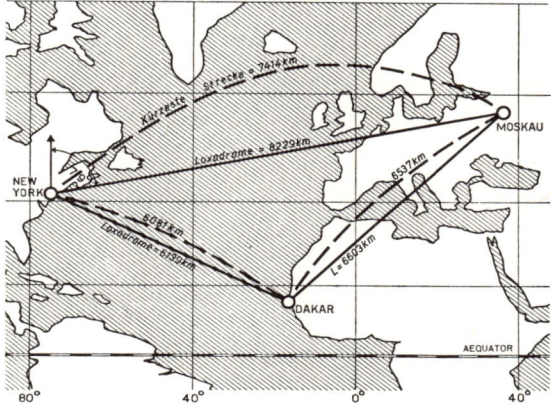

Die gerade Verbindung zwischen zwei Punkten auf der uns vertrauten Mercator-Karte ist nicht die kürzeste Strecke! Der gerade Linienzug New York–Dakar–Moskau–New York ist 20 971 km lang. Die kürzeste Verbindung der drei Punkte führt längs der gestrichelten Linie und mißt nur 20 032 km.

Die Reliefkarten geben ein anschauliches und doch falsches Bild der Geländeformationen: Die Südhänge liegen im Schatten, während die Nordflanken von der hochstehenden Sonne aus Nordwesten angestrahlt werden. Diese «falsche» Darstellung entspricht unserer Bild-Sehgewohnheit. Beim Kehren der Karte werden sich alle Täler zu Bergen aufwölben! Vgl. Thema Seite 102/103.

Berühmte «Enten»

Es ist amüsant, die Legendenbildung um Bildlegenden zu verfolgen, wenn ein Bild beim Publikum gut ankommt. Textmuster zur Abb. oben: «Wandel des Weltbildes nach dem Mittelalter» – «Der neue Forschergeist drückt sich in diesem phantastischen Holzschnitt des frühen 16. Jh. aus» – «Durchbruch des Menschen durch das Himmelsgewölbe und Erkenntnis der Sphären», so unterschrieb ein unbekannter Holzschneider dieses Blatt, das etwa 1530 entstanden sein mag!

In Tat und Wahrheit wurde die Darstellung im Auftrag des französischen Astronomen Flammarion Ende des letzten Jahrhunderts in Holzstichtechnik ausgeführt und seither immer wieder neu veröffentlicht, reicher kommentiert und schließlich «kunstgeschichtlich exakt» ins Mittelalter zurückdatiert. – Das sprichwörtliche Ei des Kolumbus wurde nicht von dem Amerika-Entdecker gewaltsam auf die Spitze gestellt, sondern von Filippo Brunelleschi, einem wichtigen Begründer des italienischen Renaissancestils. Mit Hilfe einer Eierschale demonstrierte er modellhaft seine Vorstellung von der technischen Konstruierbarkeit der Kuppel des Florentiner Doms (Abb. unten).

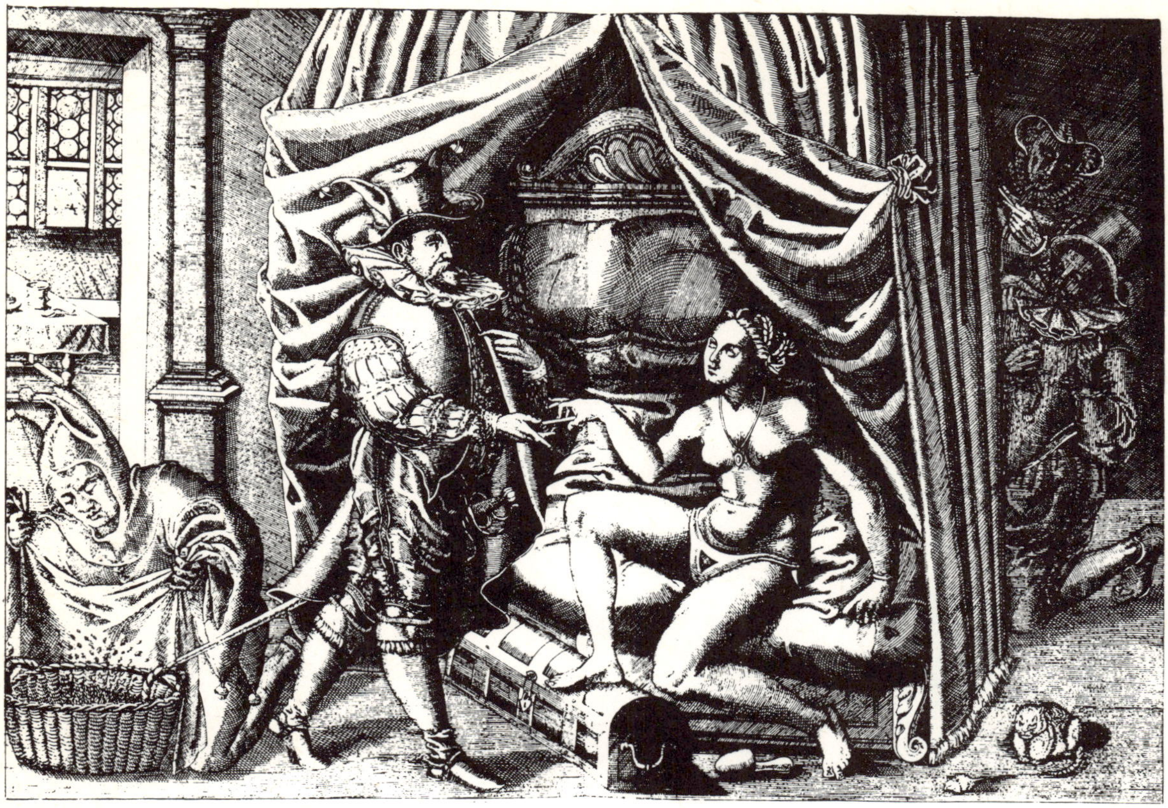

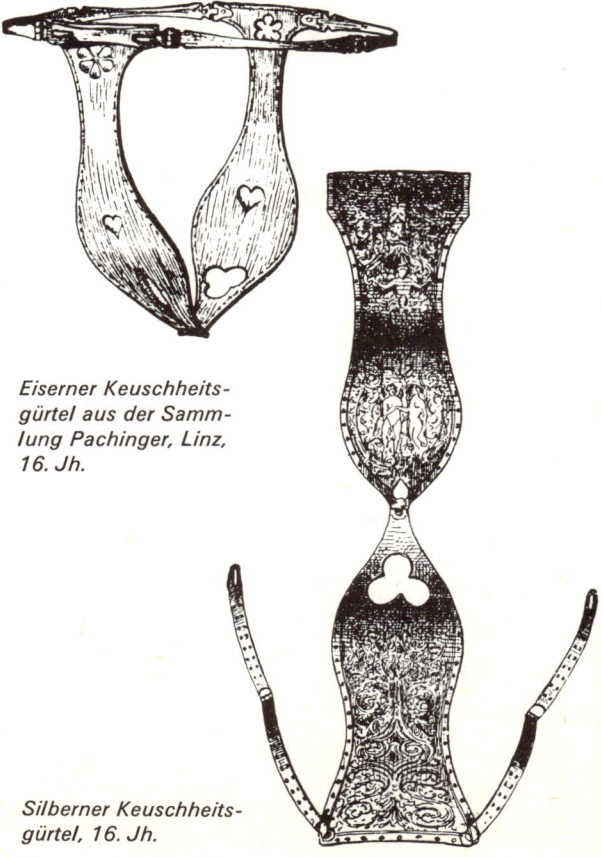

Gleich wie die Flöh' im Korb nieth pleiben . . .

In seinem satirischen Kupferstich auf den Gebrauch des Venusgürtels im 17. Jh. zieht Heinrich U. Schal den Schluß:

Wann einer wil verschliessn / Da ander mehr drumb wissn / Wie mans auff machen kan. / Muss habn ein solcher man / Schellen an sein Ohren, / Das er sieht gleich eim Thoren. / Dann ist d'Katz nicht zu Hauss / So hat ihren lauff die mauss.

Die Kunstschlosserarbeit, welche mit diesem absonderlichen Tugendwächter dem Unzuchtteufelchen ein Schnippchen schlagen sollte, scheint nicht zwischen Hammer und Amboß geschmiedet worden zu sein, sondern in den weinbeseelten Geistern der reisenden Handelsherren, die sich gegenseitig mit der Treue ihrer Gattinnen zu beeindrucken suchten. Die unglaubliche Fülle von Keuschheitsgürteln, welche die Museen bereichert haben, verschwinden als Kuriosa in die Archive. Es scheint, daß findige Kunsthandwerker bereits sehr früh aus dieser erotisch-sadistischen Mystifikation ihr Kapital schlugen und den «Zaum aus Eisen, mit dem man die Unzucht am Zügel hält», als «venezianische Gitter» oder «bergamesische Schlösser» an Sammler verhökern.

Eiserner Keuschheitsgürtel aus der Sammlung Pachinger, Linz, 16. Jh.

Silberner Keuschheitsgürtel, 16. Jh.

De UFO-nibus

La Mer poissons en abondance apporte,
Par dons divins que devons estimer.
Mais fort estrange est le Moyne de Mer,
Qui est ainsi que ce pourtrait le porte.

La terre n'a Evesques seulement,
Qui sont pour bulle en grand honneur et tiltre,
L'evesque croist en mer semblablement,
Ne parlant point, combien qu'il porte Mitre.

So heißt es in dem schrulligen Büchlein «Omnium
fere Gentium» von Johannes Sluper, 1572. Von Meer-
jungfrauen, -affen, -türken, -kühen, -hunden, -pferden
«habend etliche Scribenten geschriben und vielerley
Volck erschrak ab jm und ward vom schrettelin (Alb)
getruckt.»
Diese Phantasien entsprechen einem tiefeingesessenen
Glauben, der von der antiken Ägäis bis zum Loch
Ness die Tiefen des Wassers mit Abbildern der Land-
bewohner bevölkerte. Was Wissenschaft und Technik
an Fabeln der Tiefe zerstörten, hat heute der gleiche
Aberglaube mit Hilfe technischer Imagination in die
kosmische Weite projiziert. Ob «schrettelin» oder
Götter, erst das Magische und das Dämonische fügen
die Welt zu einem «verständlichen» Ganzen, dort wo
wir sie nicht kennen oder erkennen können.

Augenzeugen berichten:
Der, die Sphinx

«Heidnische Pfaffen / sind in den gemeldten Kopff hinein gangen / zu dem Volck / aus dem Kopff geredet / vnnd also das arme Volck beredt / als habe der Kopff / oder das Bildnis solches aus eigenen krefften gethan.» So beschreibt Johannes Helffrich 1579 in seinem Tagebuch die rätselhafte, gigantische Steinfigur (Abb. links unten), die, halb Tier, halb Mensch, aus einem ungeheuren Fels geschlagen, über Jahrtausende hinweg Schaudern hervorrief und uns heute noch Symbol alles Rätselhaften ist. Auch O. Dapper stellt den Sphinx in seiner «Beschreibung von Afrika» (1670) als riesenhafte Göttin dar (Abb. Mitte unten). 1798 erhalten wir vom Zeichner Denon, der als Begleiter Napoleons von den Wundern am Nil berichtete, einen sachlicheren Bericht (Abb. rechts unten). Der große Sphinx bei Gizeh vor der Pyramide des Pharao Chefren (Abb. oben) wurde erstmals von König Thutmosis IV. von Ägypten 1430 v. Chr. aus dem Wüstensand ausgegraben. Immerhin brauchte es vom ersten Bericht an mehr als 200 Jahre, bis uns eine einigermaßen klare Darstellung des Sphinx überliefert wurde und nicht die Interpretation des Berichterstatters.

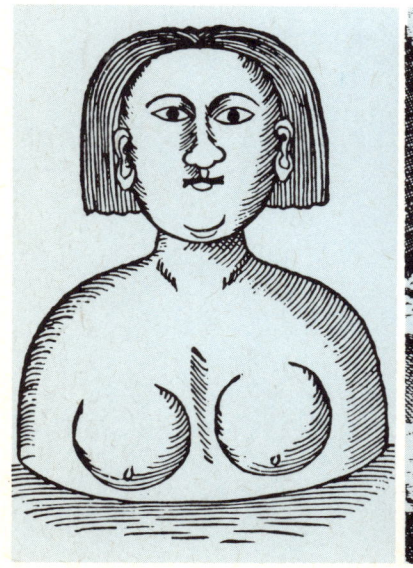

Das Gerücht von A. Paul Weber.

Das Gerücht oder die Verwandlung des Falken

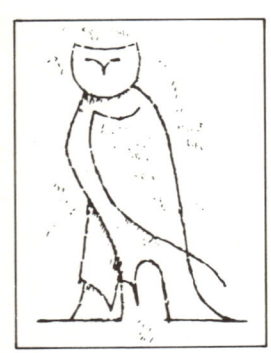

Eine Bildnachricht wird auf die Geometrie vertrauter Formen schematisiert und bei der Weitergabe um eigene Wunschvorstellungen bereichert oder unbewußt auf die Person des Adressaten zugeschnitten. Die Abbildung auf Seite 126 Mitte war die Ausgangsfigur bei einem Informationstest (Bilder 1–20, S. 127), der in einer 6. Volksschulklasse unternommen wurde. Das Schlußglied der Informationskette wurde als beißender Hund bezeichnet. Die Wiederholung des Tests (Bilder 1–14 unten) durch die

Fachgruppe Buchhandel des Norddeutschen Verleger- und Buchhändler-Verbands ergab die Sequenz Falke – Tier – Kopf – Hut – 2 Objekte. – Die Nachbildung klassischer Münzen im keltisch-germanischen Raum wurde oft als Beweis besonders barbarischer Bildtradition herangezogen. Durch ständiges Kopieren wird das Münzbild in die stereotypen Formen der eigenen Kultur übersetzt. Der Künstler greift aus der Vorlage nur die Elemente heraus, die seiner Formenwelt entsprechen.

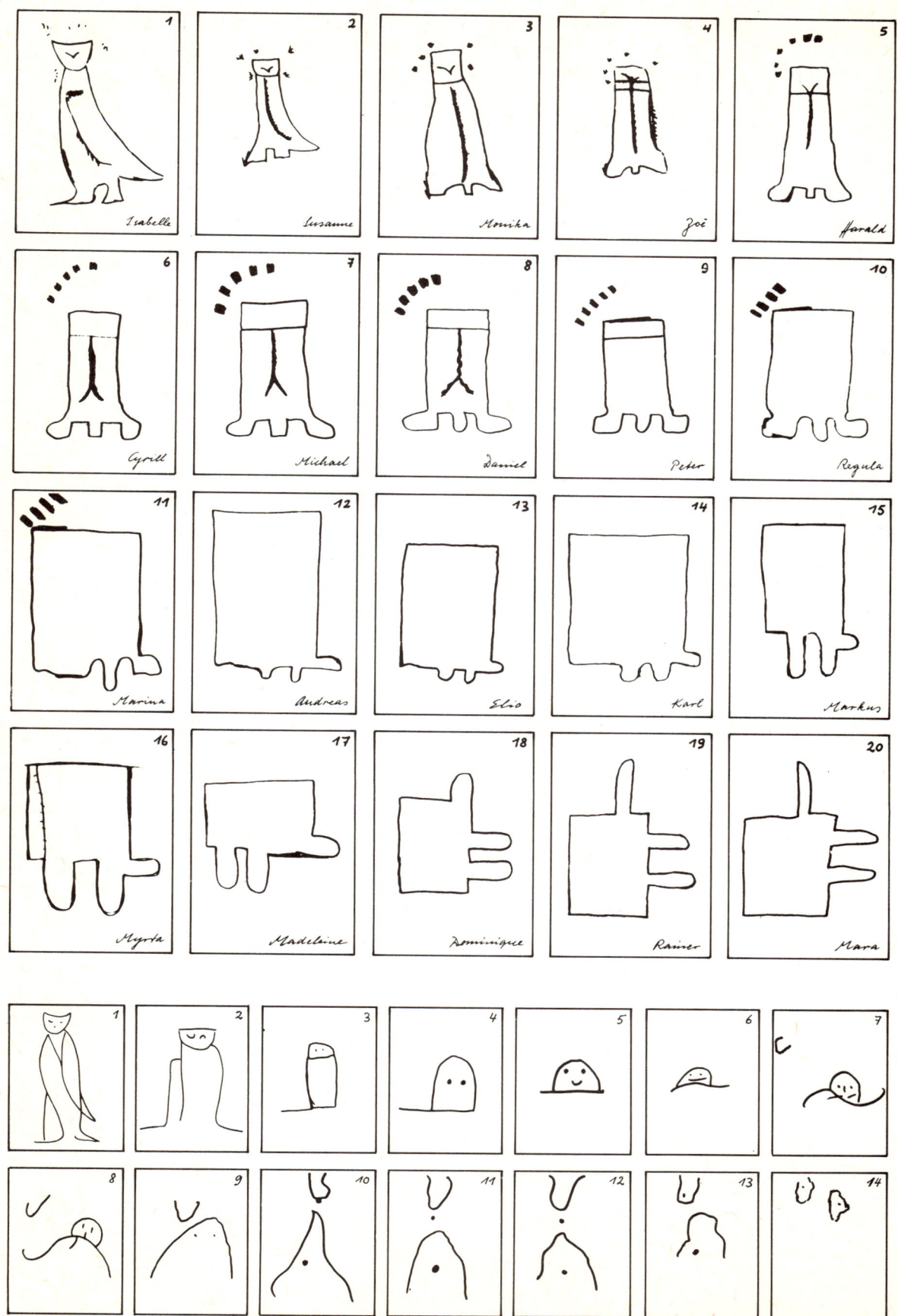

HOMO DILUVII TESTIS.

Bein-Gerüft

Eines in der
Sündflut ertrunkenen
Menschen.

Wir haben / nebſt dem ohnfehlbaren Zeugnuß des Göttlichen Worts / ſo viel andere Zeugen jener allgemeinen und erſchröcklichen Waſſer-Flut; als viel Länder / Städte / Dörffer / Berge / Thäler / Stein-Brüche / Leim-Gruben ſind. Pflantzen / Fiſche / vierfüſſige Thiere / Unziefer / Muſcheln / Schnecken / ohne Zahl; von Menſchen aber / ſo domahls zu Grund gegangen / hat man biß dahin ſehr wenig Uberbleibſelen gefunden. Sie ſchwummen tod auf der obern Waſſer-Fläche / und verfaulten / und läßt ſich von denen hin und wider befindlichen Gebeinen nicht allezeit ſchlieſſen / das ſie von Menſchen ſeyen. Dieſes Bildnuß / welches in ſauberem Holtz-Schnitt der gelehrten und curioſen Welt zum Nachdencken vorlege / iſt eines von ſicherſten ja ohnfehlbaren / Uberbleibſelen der Sünd-Flut; da finden ſich nicht einige Lineament, auß welchen die reiche und fruchtbare Einbildung etwas / ſo dem Menſchen gleicher / formieren kan / ſondern eine gründliche Ubereinkunfft mit denen Theilen eines Menſchlichen Bein-Gerüſts / ein vollkommenes Eben-Maß / ja ſelbs die in Stein (oder auß dem Oningiſchen Stein-Bruch) eingeſenckte Bein; ſelbs auch welcher Theil ſind in Natura übrig / und von übrigem Stein leicht zu unterſcheiden. Dieſer Menſch / deſſen Grabmahl alle andere Römiſche und Griechiſche / auch Egyptiſche / oder andere Orientaliſche Monument an Alter und Gewißheit übertrifft / präſentiert ſich von vornen. A B C iſt der Umbfang des Stirn-Beins (alles in natürlicher Gröſſe) B. die Mitte der Stirn. A. das rechte Joch-Bein. C. das lincke. D E G H. die Augenleiſten. K L die Dicke des Stirn-Beins / mit deſſen beyden Tafelen / der auſſeren und inneren. M. das Loch der unteren Augenleiſe / welches die Senn-Ader des fünfften Nerven hindurchläßt. N. Sind Reliquien von dem Gehirn / oder des harten Hirn-Häutleins. O. Die Gebein / welche die Augenleiſen formiren. P. Die Siebförmigen und ſchwammichten Bein. P Q Die Pflug-Schar / ſo durch die Mitte der Naſen hinunter gehet. U. Ein zimbliches Stuck vom vierten Backen-Bein. W. Scheinet ſeyn ein Stuck des Stirn-Muſkuls. X. Uberbleibſelen der Naſen. Y. Ein Stuck vom käuenden Muſkul. B C. Ein Durchſchnitt von dem untern Kiefel / wie der von dem dikeren Fortſaz gehet zu dem untern Ek oder Winkel. D. Stüfer vom untern Kienbaken gegen dem Kien. 1. 2. 3. &c. biß 16. ſind 16. Rukgrat-Wirbel / namlich 6. vom Hals / und 10. vom Ruken / da gemeinlich die Nebenfortſätze bloß ligen. E F. Ein Stuk vom Rabenförmigen Fortſaz des Schulter-Blatts. G H. Ein Stuf vom erſten Ripp / welches annoch mit Stein überzogen. i. Uberbleibſelen von der Leber. Auß der gantzen Gröſſe läßt ſich ſchlieſſen / in Gegnhalt der übrigen Theilen / daß die Höhe dieſes Menſchen ſteiget auf 58⅗. Pariſer Zoll / welche entſprechen 5. Zürcher Schuhe 9⅙₅. Decimal-Zoll.

Ex Muſeo

Joh. Jacobi Scheuchzeri,
Med. D. Math. P.

Zürich zu finden bey

Davıd Reding / Formſchneider.

Im Jahr nach der Sündflut
MMMM XXXII.

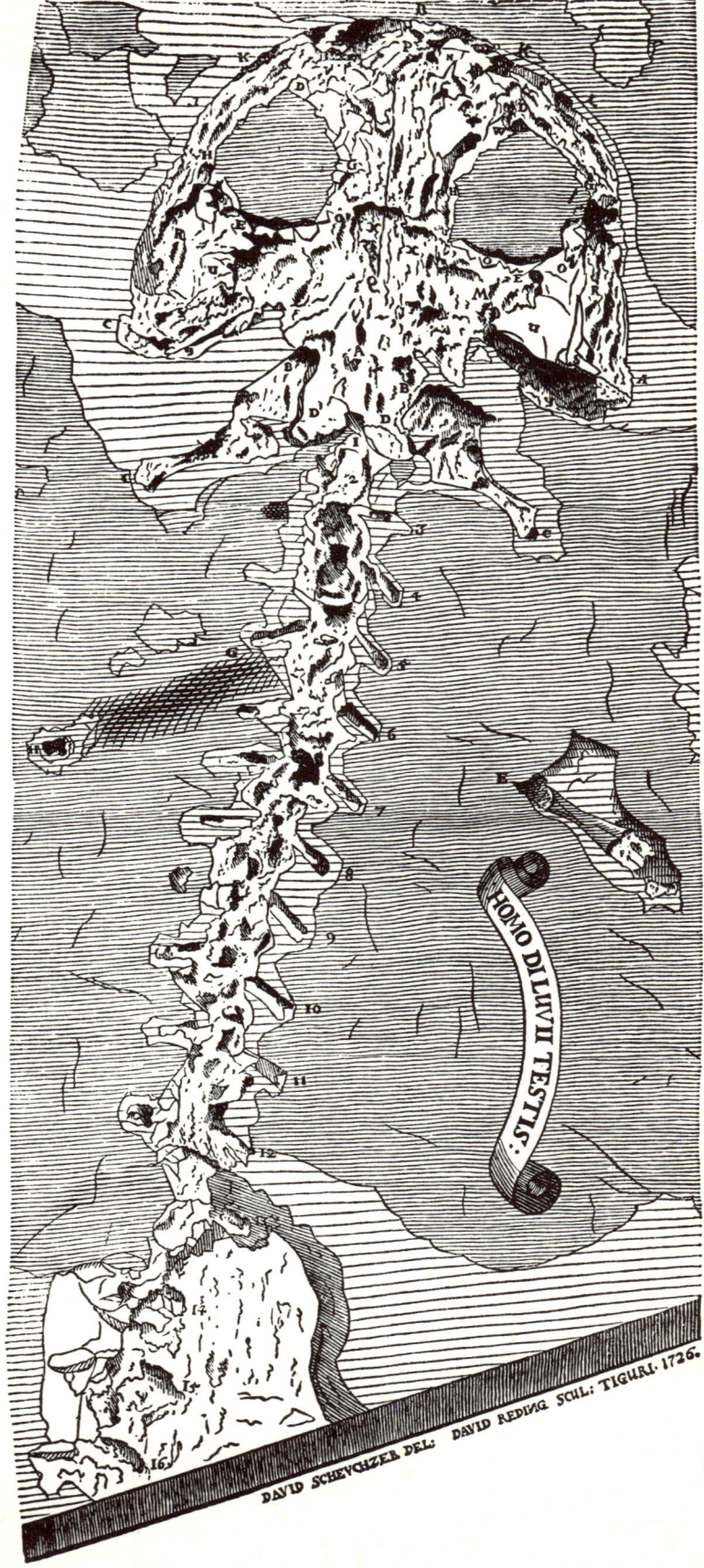

PES PARISINUS.

HOMO DILUVII TESTIS.

DAVID SCHEVCHZER DELI. DAVID REDING SCVL; TIGVRI. 1726.

... in such a questionable shape

Lokaler Rauch und Asche

Aus: M. Twain, Ein Yankee an König Artus' Hof.

Sir Lanzelot traf letzte Weche im Moor südlich von der Schweinemeide des Sir Balmoral le Merveilleuse unerwartet auf den alten König Ygrivance von Irland. die Witwe wurde benachrichtigt.

Um den ersten mächsten ▪Mgnats ▪startet Expedition Nr. 3 auf der Buche n8ch Sir Sagramour, dem Begierigen. Sie wird von dem berühmten Ritter des Roten Rasens befehligt, dem Sir Persant von Inde zur Seite steht. Dieser ist fähig, intelligent, aufmerksam und in jeder Hibsicht ein dufter Junge, ferNer Sir Palamides, der Sarazene, der auch kein Kind von Traubigkeit ist. Die Sache wird durchaus kein Spaziergang, denn diese Jungen wollen ordentlich rangehen.

Die Leser des "Hosianna" werden mit Bedauern hören, daß der hübüsche und beliebte Sir Charolais von Gallien, der während seines vierwöchentlichen Aufenthalts im hiesigen Wirtshaus "Zum Bullen und zum Heilbutt" durch seine guten Manieren und seine elegante Konversation alle Herzen gewonnen hat, heute Anker hieven und heimreisen will. Besuch uns mal wieder, Karlchen!

Die technische Durchfühlung der Beerdigung des verstorbenen Sir Dalliance, des Herzogs Sohn von Cornwell, der in einem Gefecht mit dem Riesen von der Knotigen Reule letzten Dienstag am Rande der Zauberebene getötet wurde, lag in den Händen des stets zuvorkommenden und tuontigen ▪Mummel, Fürst der Leзchenbestatter, wie welchen es keinen gibt, durch den die letzten traurigen Dienste ausführen zu lassen ein größeres Vergnügen wäre. Versuchen Sie seine Dienste.

Der herliche Dank der Redaktion des Hosianna vom Chefredakteur bis hinab zum Setzerjungen gebührt dem stets leibenswürdigen und aufmerksamen Großhofmeister des Dritten Hilfska▪▪▪dieners des Palasts für mehrere Scholen SpeiseEis von einer G▪▪ die darauf berechnet war, die Augen der Empfänger vor Dankb▪▪▪ feucht werden zu laзen und sie wurden es. Falls die Regie▪▪▪ einen Namen baldige Beförderung vormerken möchte; w▪▪▪ der "Hosianna" gern einen Vorschlag machen dürfen.

Die Demoiselle▪Irene auschoß von Süd-Astolat weilt gegenwürtig zu Besuch bei ihrem Onkel, dem beliebten Wirt der Rindertreiber-He8cberge in der Lebergasse unserer Stadt.

Der junge Berker, der Blasebalgflicker, ist wieden zu haUse und sieht sehr erholt aus nach seiner Urlaubsrundfahrt zu den auswärtigen Schmieden. зiehe sein Inserat.

Skelett eines japanisch-chinesischen Riesensalamanders (Andrias japonieus/davidianus), nächster noch lebender Verwandter des «Andrias Scheuchzeri». ▶

Wer sucht, der findet

Der Wunschtraum des trefflichen Schweizer Naturforschers Johann Jakob Scheuchzer war es, für seine große Petrefacten-Sammlung das Glanz- und Kernstück zu finden: den fossilen Menschen. Als er bei Untersuchungen im Kalkschiefer von Öhningen (Bodensee) auf ein großes Skelett stieß, sah er auf den ersten Blick in den versteinerten Überresten den Abdruck eines der vielen Menschen, die die biblische Sintflut seiner Vorstellung nach bis in seine Heimat gespült haben mußte. Dieser Fund erregte besonderes Aufsehen, wurde doch die Sintflut durch den armen Sünder und dieser durch die Sintflut «bewiesen».

Die Datierung des Skelettes war klar, man zählte 1726 nach Christus, die Sintflut hatte nach klerikaler Rechnung 2306 vor Christus stattgefunden, ergo lagerte Noahs unglücklicher Zeitgenosse seit 4032 Jahren in den Schichten des Öhninger Kalkschiefers.

Der französische Biologe und Geologe Georges Cuvier (1769–1832) erkannte in dem Fund einen Riesensalamander, dem er mit großer Hochachtung und nicht ohne einen Schuß gallischer Ironie den Namen «Andrias Scheuchzeri» gab.

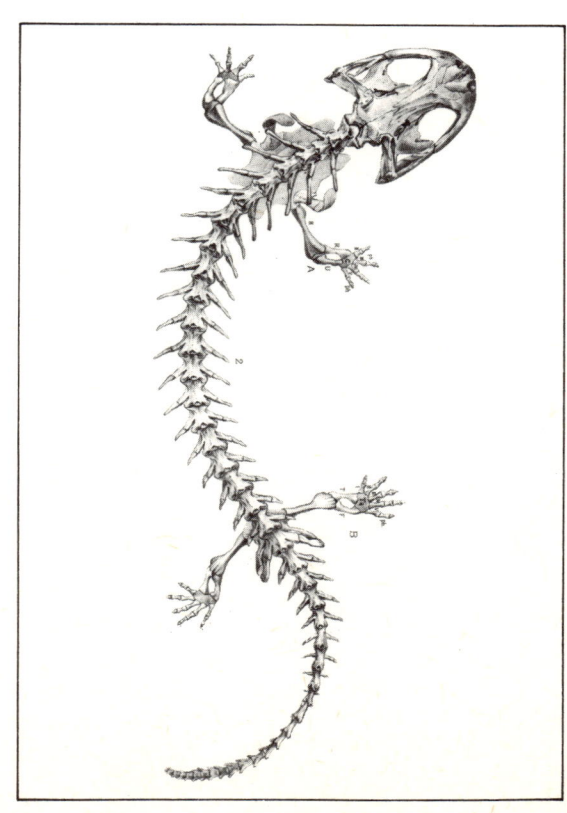

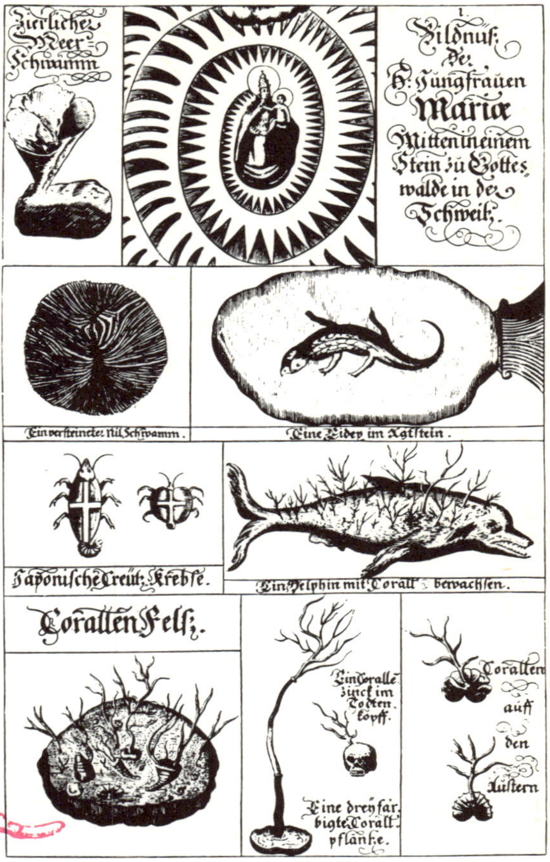

Figura Sceleti prope Qvedlinburgum effossi.

Zierliches Meer-Schwamm.

Bildnuß der H. Jungfrauen Mariæ Mitten in einem Stein zu Gottes-walde in der Schweitz.

Ein versteinerter Nil-Schwamm. Eine Eidex im Agtstein.

Japonische Creutz-Krebse. Ein Delphin mit Corall bewachsen.

Corallen Fels.

Ein Coralle zinct im Todten-kopff. Eine drehfar-bigte Corall pflantze. Corallen auff den Aüstern.

Legende und Lüge in der Wissenschaft

Adam Beringer fand neben echten Versteinerungen fliegende Insekten, Pflanzen, ja sogar Kometen und arabische wie hebräische Buchstaben (Abb. unten), welche er mit einem gewaltigen Aufwand an Gelehrsamkeit in seiner «Lithographie Wirceburgensis» (1726) erklärte und beschrieb, ohne auf die richtige Deutung zu kommen, nämlich, daß ihm mißgünstige Kollegen Eigenfabrikate unterschoben hatten. Der würdige Dekan der Medizinischen Fakultät Würzburg wurde auf den Betrug erst aufmerksam, als er auf einem Stein seinen eigenen Namen fand. – Aus den Knochenfunden um Quedlinburg setzte O. v. Guericke das sagenhafte Einhorn zusammen, welches Leibniz 1749 in der «Protogaea» veröffentlichte (Abb. links oben.) Zusammen mit «Japonischen CreutzKrebsen» bildet Erasmus Franziskus als wundersame Versteinerung die «Jungfrauen Mariae» ab (Abb. rechts oben).

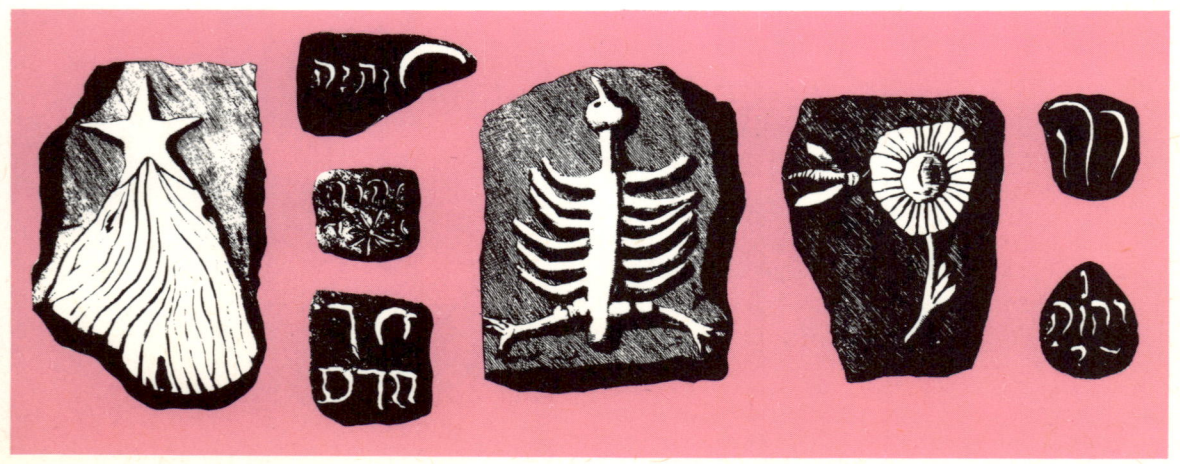

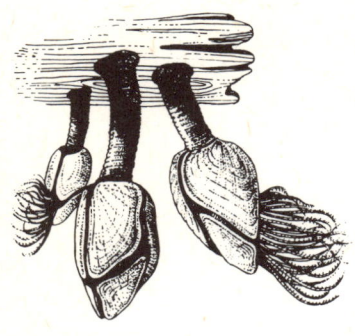

Der Entenbaum

Die Vorstellung, die aus dem tiefen Altertum bis in die Neuzeit überliefert wurde, daß nämlich aus unbelebter Materie Leben hervorgehen könne und daß Pflanzen Tiere gebären könnten, war über Jahrtausende hin nicht auszurotten. Archelaos aus Ägypten bezeugte die Umwandlung des faulenden Rückenmarks in Schlangen, den Ursprung der Bienen und Wespen aus den Kadavern von Stieren und Pferden, der Milben aus dem Wachs und der Skorpione aus dem Fleisch des Krokodils. Auch Aristoteles ließ die Aale und Frösche aus dem Schlamm entstehen. Es wäre taktlos, all jene sonst hervorragenden Wissenschaftler aufzuzählen, die noch nach 1800 am Gedanken der Urzeugung festhielten.

Unter den Pflanzen, welche Tiere gebären, ist der Entenbaum (Abb. oben rechts)

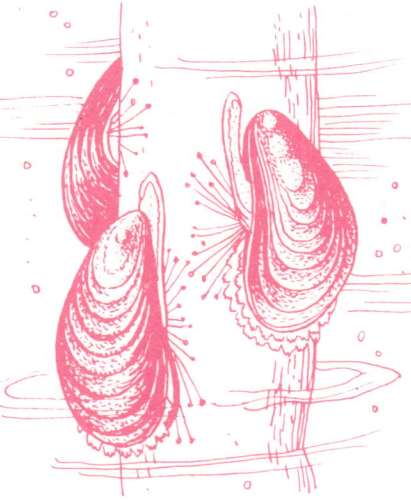

wohl die interessanteste. Leonhard Baldner schrieb in seinem Vogel-, Fisch- und Tierbuch: «Anno 1649, den 27. Februarri hab ich solcher Baumganss zwo gehabt. Dieser Vogel ist bey uns gar unbekannt, und wird daher ein Baumganss genennt, wie Herr Doctor Gesnerus schreibt, dass in Schottland Baum gibt, welche eine solche Frucht bringen; gestalt wie ein Wurm, der sich in Blättern zusammenwickelt, und wann er zu rechter Zeit ins Wasser fällt, so bekompt es das Leben im Meer und formiert sich endlich zu einem Gänsel, bekompt Federn und fliegt auch endlich davon.»

Bei dieser sonderbaren Baumfrucht handelte es sich um die Ringelgans, Branta vernicla. Der Entenbaum ist identisch mit den Entenmuscheln, die mit dem Treibholz an Land gespült werden. Diese «Muschel» ist in Wirklichkeit ein sonderbar verwandelter Krebs, Lepas anatifera (oben links). An den Gestaden wissenschaftlicher Phantasie wuchs auch der winzige Homunculus im «Samentierchen». Kaum hatte Leeuwenhoek die Spermien entdeckt, glaubten die Mikroskopiker des 17. Jahrhunderts, ihrer Wunschvorstellung entsprechend unter ihren einfachen Linsen präformierte Männchen darin zu erkennen, während ihre Gegner, die Ovisten, das künftige Lebewesen im Ei zu erschauen glaubten.

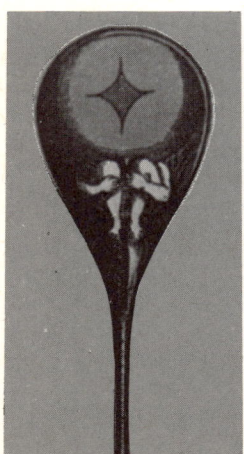

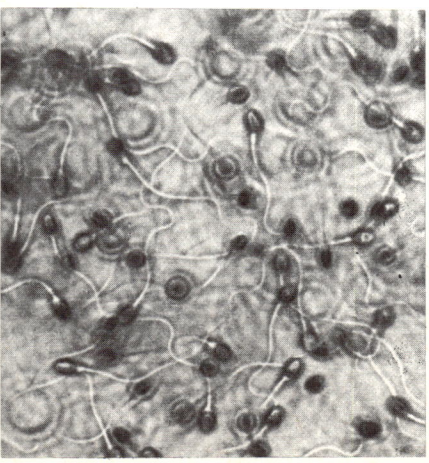

zu widerlegen imstande sind; wo wir uns aber genötigt sehen, in unserer Antwort auf jenes fünfte uns zu beziehen und es darzulegen, da siegt wer da will von den zum Verwerfen Befähigten und bewirkt, daß derjenige, welcher etwas durch Rede, Schrift oder Erwiderung zu erläutern sucht, der Mehrzahl der Zuhörer nichts von dem, worüber er zu schreiben oder zu sprechen versucht, zu wissen scheine, welche bisweilen nicht wissen, daß nicht der Geist des Schriftstellers oder des Sprechenden widerlegt wird, sondern die von Natur schlechte Beschaffenheit einer jeden der vier Auffassungen. Aber das Durchführen durch diese alle, welches zu jedem Einzelnen hinauf- oder herabsteigt, erzeugt doch endlich ein Wissen des seiner Natur nach Richtigen in dem seiner Natur nach Befähigten. Ist jemand aber schlecht befähigt, wie es von Natur die Geistesanlage der meisten für das Erlernen und die erwähnte Gesinnung ist, dann sind es verlorene Worte, und dann vermöchte solchen Menschen selbst kein Lynkeus die Augen zu öffnen. Mit einem Worte: den der Sache sich nicht verwandt Fühlenden wird weder Gelehrigkeit noch Gedächtnis dazu machen; denn bei einer dem widerstrebenden Gemütsbeschaffenheit erzeugt sich das von vornherein nicht. So daß diejenigen, welchen

Radform, in welcher ein Sonnenanbeter eingeschlossen ist. Detail eines Torsturzes und einer Umzäunung des buddhistischen Stupa in Barhut (2. Jh. v. Chr.)

von Natur das Gerechte und andere Schöne nicht innewohnt und welche diesem nicht verwandt sind, von denen aber die einen das, die andern jenes leicht fassen und behalten, sowie solche, die

zwar etwas dem Verwandtes haben, aber von schwacher Fassungskraft und Erinnerungsfähigkeit sind, so daß von diesen beiden keine das wahre Wesen der Tugend oder Untugend, insoweit es sich begreifen läßt, begreifen. Denn sowohl das haben sie zu erlernen, als auch durch allseitige Übung und mit großem Zeitaufwand, wie ich an-

Kugelspinne in einem strahligen Netz

fangs sagte, das Täuschende und das Wahrhafte des gesamten Seins. Indem nun das Einzelne, Namen, Begriffe, Anschauungen und Wahrnehmungen untereinander verglichen und in guter Absicht durch aller Mißgunst entbehrende Fragen und Antworten geprüft wird, so flammt über jedes Einsicht auf und Denken, wenn man sich anstrengt, wie es nur menschlichen Kräften möglich ist. Darum ist jeder Mann, dem es Ernst ist, weit entfernt, dadurch, daß er als Schriftsteller über ernste Dinge unter den Menschen auftritt, in Mißgunst und Zweifel sie zu verwickeln. Es läßt sich, mit einem Worte, daraus erkennen, daß, sieht man die Aufzeichnungen jemandes, des Gesetzgebers etwa in den Gesetzen oder sonstwo, niedergelegt, diese ihm nicht, wenn er selbst die Sache mit Ernst betreibt, das des größten Ernstes Würdige waren, daß es aber doch dem schönsten Teile seiner Besitzungen angehört. Wurde aber dieses wirklich als ein mit Ernst zu behandelnder Gegenstand in seinen Schriften niedergelegt, dann raubten ihm nicht die Unsterblichen, wohl aber sterbliche Menschen die Besinnung.

Der Kreis

Aus: Platon, Siebenter Brief

Jedes von dem, was da ist, umfaßt dreierlei, wodurch seine Kenntnis erlangt werden muß. Das vierte aber ist diese selbst, als fünftes muß man das annehmen, was da erkennbar und wahrhaft ist; das eine von diesen ist der Name, das zweite der Begriff, das dritte das Abbild, das vierte die Erkenntnis. Nun nimm, wenn du das jetzt Gesagte zu begreifen begehrst, das Einzelne vor und denke dir alles in folgender Weise:

Wir bezeichnen etwas als Kreis, was den eben von uns angegebenen Namen führt; sein in Worten und Redeweisen ausgedrückter Begriff ist das zweite. Wo nämlich das Umgrenzende allerwärts von der Mitte gleichweit absteht, das dürfte der Begriff von dem sein, was den Namen des Runden, des Umringenden und des Kreises führt. Das dritte ist, was da hingemalt und wieder ausgelöscht, abgerundet und dieser Eigenschaft wieder beraubt wird; von diesem allen widerfährt dem Kreise an sich, um den sich unsere ganze Rede dreht, als einem davon Verschiedenen, nichts.

Das vierte ist die Kenntnis, die Einsicht und die richtige Meinung in diesen Dingen. Ferner muß man das Ganze als ein Einheitliches ansehen, welches nicht in Lauten und körperlicher Gestaltung, sondern in den Seelen seinen Sitz hat, woraus hervorgeht, daß es etwas von der Natur des Kreises an sich und den vorher erwähnten dreien Verschiedenes ist. Am nächsten kommt, vermöge seiner Verwandtschaft und Ähnlichkeit, der Geist dem fünften unter diesen, von den übrigen ist er mehr verschieden.

Dasselbe gilt von dem Geraden und Umkreisenden, von Gestalt und Farbe, von dem Guten, Schönen und Gerechten, von jedem, ob nun durch Kunst erzeugten oder von Natur entstandenen Körper, von Feuer, Wasser und allem derartigen, von jedem Lebenden und der den Seelen innewohnenden Gesinnung und von dem gesamten Tun und Leiden; denn nimmer wird, wer nicht von den Gegenständen irgendwie jenes Vierfache erfaßt, einer vollständigen Kenntnis des fünften teilhaftig werden. Denn außer jenen vieren unternimmt er es ebensowohl, die Beschaffenheit und das Sein eines jeden vermittels der Ohnmacht der Sprache darzulegen. Dieser Ohnmacht wegen wird kein Verständiger es wagen, in ihr seine Gedanken niederzulegen und noch dazu in unwandelbarer Weise, was bei dem schriftlich Abgefaßten der Fall ist.

Ferner gilt es auch das, was wir jetzt anführen, zu erwägen. Jeder in der Wirklichkeit gezeichnete oder abgerundete Kreis ist mit dem dem fünften Widersprechenden erfüllt. Denn allerwärts streift er an das Gerade. Aber der Kreis an sich, behaupten wir, begreift weder viel noch wenig von der entgegengesetzten Beschaffenheit in sich. Auch ein bestimmter Name, behaupten wir, gelte für nichts, und es hindere nichts, das, was jetzt krumm heißt, gerade zu nennen und das Gerade krumm, und es

Polaufnahme mit einer Handkamera

werden diejenigen, welche die Benennung umwechseln und die entgegengesetzte vorziehen, zu nichts Bestimmterem gelangen. Gewiß gilt auch vom Begriffe dieselbe Behauptung, wenn Worte und Redeweisen ihn ausdrücken, daß nichts in genügend bestimmter Weise bestimmt sei. Ferner läßt es sich in bezug auf jegliches der vier in tausendfacher Weise nachweisen, wie unklar es sei; das Wichtigste aber ist folgendes: indem, wie wir kurz zuvor bemerkten, ein Zweifaches vorliegt, das Sein und die Beschaffenheit, und die Seele nicht das Wie, sondern das Was zu wissen strebt, hält jedes der vier der Seele das nicht Gesuchte in Wort und Wirklichkeit vor, so daß jedes Gesagte und Gezeigte ständig leicht durch die Sinne widerlegt werden kann und in jedem ohne Ausnahme, möchte ich sagen, jede Art von Unklarheit und Ungewißheit erregt. Bei Erörterungen also, bei welchen wir, einer schlechten Erziehung zufolge, nicht gewohnt sind, der Wahrheit nachzuforschen, und wo man mit dem aufgestellten Abbild sich begnügt, erscheinen wir uns gegenseitig nicht lächerlich, die Befragten nämlich den Befragenden, welche jene vier Auffassungen zu verwerfen und

Die Jungfrau von Orléans

Jeanne d'Arc, 1412 in Domremy geboren, überzeugte den ängstlichen Dauphin, ihr ein kleines Heer anzuvertrauen, um die Belagerung von Orléans durch die Engländer aufzuheben. Ihre Krieger vertrieben die englische Macht aus dem Raume der Loire, und der König konnte in Reims gesalbt und gekrönt werden. Von den Burgundern gefangen genommen, wurde sie den Engländern für zehntausend Livres ausgeliefert. 1431 wurde sie von einem geistlichen Gericht der Ketzerei für schuldig befunden und zur Verbrennung auf dem Scheiterhaufen verurteilt. Etwa zwanzig Jahre später wird dieses Urteil widerrufen. Bis zum 19. Jh. verstaubten die Akten ihrer Kirchenprozesse im Staatsarchiv. Für eine offizielle Heldenjungfrau bestand bis dahin kein Bedarf. Dann mobilisierte Napoleon die legendäre Figur gegen die Engländer, und der Klerus verherrlichte ihre Frömmigkeit zur Abwehr des aufblühenden Atheismus. Nach dem Ersten Weltkrieg wurde sie heiliggesprochen, was die Staatskasse 30 Millionen Goldfrancs kostete und die Wiederaufnahme der diplomatischen Beziehungen Frankreichs mit dem Heiligen Stuhl, die seit der Französischen Revolution abgebrochen waren, im Tauschhandel bedingte. Eine Verbrennung konnte 1431 nicht stattfinden, da das vom geistlichen Gericht gefällte Todesurteil nie durch die weltliche Gerichtsbarkeit bestätigt wurde. Diese Bestätigung wäre aber für die Vollstreckung des Urteils notwendig gewesen. Jeanne d'Arc tauchte dann auch fünf Jahre nach ihrer «Verbrennung», am 20. Mai 1436, in St. Privey auf. Später wurde sie in Orléans von einer dankbaren Bevölkerung triumphal empfangen. Ihre Jungfräulichkeit schenkte sie anfangs Oktober 1436 dem Lothringer Edelmann Robert des Armoises, lebte dann auf dem heute noch erhaltenen Schloß Jaulny, wo sie 1449 starb.

Da Jeanne d'Arc am 500. Jahrestag ihrer Verbrennung, am 29. Mai 1931, zur Schutzpatronin der französischen Armee erwählt worden war, wehrte sich Charles de Gaulle entschieden gegen die Vorstellung, das jungfräuliche Nationalidol sei im Ehebett gestorben. Dichtung, Kunst und Film haben die Verbrennungslegende zu einer Geschichte ausgesponnen, die als Wunschwahrheit die Imagination weitaus stärker anspricht als jede nüchterne Geschichtsschreibung. Die mittelalterlichen Personalakten, das verschollene Register der kirchlichen Untersuchungskommission von Poitiers liegen im Vatikan. Der verstorbene Kirchenhistoriker Edouard Schneider bemerkte: «Die hohen Autoritäten möchten die Legende nicht zerstören.»

Die Bastille

Am 14. Juli, dem Quatorze Juillet, wird alljährlich das Nationalfest als Erinnerung an die Erstürmung der Bastille gefeiert, welche 1789 den denkwürdigen Auftakt zur großen Revolution gab. Nach der Geschichtsschreibung entstand ein gewaltiges Blutbad unter der Besatzung, als die leidenschaftliche Menschenflut jenes Bollwerk erstürmte, das seit Jahrhunderten die Pariser Bevölkerung in Furcht und Schrecken gehalten hatte.

Die grausame Bastion war in Tat und Wahrheit ein feudales Gefängnis, etwa wie wir es aus der Fledermaus-Operette von Strauß kennen. Ursprünglich war sie Residenz und wurde erst unter Heinrich IV. zum Staatsgefängnis. Liest man die Forschungen von Frantz Funck-Brentano «Légendes et archives de la Bastille» (1898), so ist man erstaunt darüber, welche Greuelgeschichten diesen Mauern angedichtet wurden. Die Insassen waren sehr komfortabel gehaltene Gäste des Königs, die ihren unfreiwilligen Aufenthalt mit Dienerschaft und mit ihrem eigenen Mobiliar verbrachten. Seinen Ruf als Schreckensort verdankt das harmlose Bauwerk der damaligen Boulevardpresse, welche dann und wann erboste Berichte von Häftlingen der oberen Gesellschaftsschicht entstellte und aufbauschte. Die Besatzung bestand aus alten Invaliden und einem Zug verdingter Schweizer.

Am 14. Juli gab es tatsächlich eine Keilerei. Zur Hauptsache soll eine Gruppe Rowdies in das Gebäude eingedrungen sein. Befreit wurden sieben Häftlinge: vier Urkundenfälscher, ein von seinen Angehörigen eingewiesener Wüstling und zwei Unzurechnungsfähige, welche am nächsten Tag in das Narrenhaus von Charenton eingeliefert wurden. Das Massaker bestand darin, daß ein vom Aufruhr hochgeputschter Küchenjunge dem Gouverneur de Launay den Kopf abschnitt und ihn auf einer Pike, eine lärmende Horde im Gefolge, in den Pariser Straßen herumtrug.

Eine Gruppe Jugendlicher beteiligte sich an der Plünderung der Kellergewölbe, um alte Gerätschaften zu ergattern. In einer mittelalterlichen Ritteruniform glaubten die naiven Diebe ein Folterkorsett zu erkennen und eine ausrangierte Druckerpresse als nicht minder schreckliche Terrormaschine. Dieses «Folterinstrumentarium» wurde von den Freiheitskämpfern ans Tageslicht gebracht. Bis die Nachricht dieses Fasnachtsrummels in die Provinzen Frankreichs weitergemeldet war, hatte die mündliche Weitergabe das Ereignis so farbenprächtig und sinnträchtig ausgemalt, daß es geradezu schade gewesen wäre, keinen Nationalfeiertag daraus zu machen.

Wilhelm Tell schießt den Apfel vom Kopf seines Sohnes.

Was ist ein Name?

«Was ist ein Name? Was uns Rose heißt,
wie es auch hieße, würde lieblich duften.
SHAKESPEARE, ROMEO UND JULIA

Schiller fand den Stoff zu «Wilhelm Tell» bei Ägidius Tschudi (1505–1572), dessen Werk erst 1734 erschienen war. Der Historiker Johannes von Müller (1752–1809) übernahm den Stoff, ohne selbst daran zu glauben, in seine epochemachende Geschichte der Schweizerischen Eidgenossenschaft.

Der «echte Tell» wurde vom Zürcher Professor Karl Meyer aufgespürt: Bei Bonndorf im Schwarzwald liegt Dillendorf, 797 als Tillendorf erstmals urkundlich erwähnt. Ein gewisser Tillo muß der Gründer des Dorfes gewesen sein. Das Rittergeschlecht von Tillendorf hat mit Konrad, dem letzten seiner Linie, seinen Höhepunkt erreicht. Kaiser Rudolf von Habsburg hatte ihn zum Hofmeister seines Sohnes Rudolf und zum Obervogt mit Sitz auf der Ky-

burg bei Winterthur gemacht. Der hochfahrende Ritter betrachtete den kaiserlichen Jüngling als Puppe und regierte selbstherrlich. Der aufreizende Ton seiner Erlasse erinnert auffallend an den Landvogt Geßler bei Schiller. Den von Tillendorf im Urner Reußtal erbauten mächtigen Wachtturm nannten die von Habsburg unabhängigen Talbewohner «Twing Uren», und zur Wahrung ihrer bereits von den Karolingern verbrieften Rechte gegenüber der Willkür des habsburgischen Vogtes schlossen sich die Waldstätte Uri, Schwyz und Unterwalden zu einem politischen Bund zusammen.

Tschudi nannte den hartherzigen Landvogt in seinem Chronicon Helveticum «Geßler», nach einem in der Mitte des 13. Jh.s erloschenen Rittergeschlecht, das die Burg Küßnacht besaß. Der aufrechte «Tell» dürfte der Landammann Rudolf Stauffacher gewesen sein. Konrad von Tillendorf könnte tatsächlich 1291, im Gründungsjahr der Schweizerischen Eidgenossenschaft, ums Leben gekommen sein: Das Verzeichnis seiner Einkünfte endet 1290 auf leerem Pergament.

Der Lügenbaron

Aus: G. A. Bürger, Münchhausens Abenteuer

Stellen Sie sich, meine Herren, das Schreckliche meiner Lage vor! Hinter mir der Löwe, vor mir der Krokodil, zu meiner Linken ein reißender Strom, zu meiner Rechten ein Abgrund, in dem, wie ich nachher hörte, die giftigsten Schlangen sich aufhielten.

Betäubt – und das war einem Herkules in dieser Lage nicht übelzunehmen – stürze ich zu Boden. Jeder Gedanke, den meine Seele noch vermochte, war die schreckliche Erwartung, jetzt die Zähne oder Klauen des wütenden Raubtiers zu fühlen oder in dem Rachen des Krokodils zu stecken. Doch in wenigen Sekunden hörte ich einen starken, aber durchaus fremden Laut. Ich wage es endlich, meinen Kopf aufzuheben und mich umzuschauen, und – was meinen Sie? – zu meiner unaussprechlichen Freude finde ich, daß der Löwe in der Hitze, in der er auf mich losschoß, in eben dem Augenblicke, in dem ich niederstürzte, über mich weg in den Rachen des Krokodils gesprungen war. Der Kopf des einen steckte nun in dem Schlunde des andern, und sie strebten mit aller Macht, sich voneinander loszumachen. Gerade noch zu rechter Zeit sprang ich auf, zog meinen Hirschfänger, und mit einem Streiche haute ich den Kopf des Löwen ab, so

daß der Rumpf zu meinen Füßen zuckte. Darauf rammte ich mit dem untern Ende meiner Flinte den Kopf noch tiefer in den Rachen des Krokodils, das nun jämmerlich ersticken mußte.

Bald nachdem ich diesen vollkommenen Sieg über zwei fürchterliche Feinde erfochten hatte, kam mein Freund, um zu sehen, was die Ursache meines Zurückbleibens wäre.

Nach gegenseitigen Glückwünschen maßen wir das Krokodil und fanden es genau vierzig Pariser Fuß sieben Zoll lang.

Sobald wir dem Gouverneur dieses außerordentliche Abenteuer erzählet hatten, schickte er einen Wagen mit einigen Leuten aus und ließ die beiden Tiere nach seinem Hause holen. Aus dem Felle des Löwen mußte mir ein dortiger Kürsner Tobaksbeutel verfertigen, von denen ich einige meiner Bekannten zu Ceylon verehrte. Mit den übrigen machte ich bei unserer Rückkunft nach Holland Geschenke an die Bürgermeister, die mir dagegen ein Geschenk von tausend Dukaten machen wollten, das ich nur mit vieler Mühe ablehnen konnte.

Die Haut des Krokodils wurde auf die gewöhnliche Art ausgestopft und macht nun eine der größten Merkwürdigkeiten in dem Museum zu Amsterdam aus, wo der Vorzeiger die ganze Geschichte jedem, den er herumführet, erzählt. Dabei macht er denn freilich immer einige Zusätze, von denen verschiedene Wahrheit und Wahrscheinlichkeit in hohem Grade beleidigen. So pflegt er zum Exempel zu sagen, daß der Löwe durch das Krokodil hindurchgesprungen sei und eben bei der Hintertür habe entwischen wollen, als Monsieur, der weltberühmte Baron, wie er mich zu nennen beliebt, den Kopf, sowie er herauskam, und mit dem Kopfe drei Fuß von dem Schwanze des Krokodils abgehauen hätte. «Der Krokodil», fährt der Kerl bisweilen fort, «blieb bei dem Verluste seines Schwanzes nicht gleichgültig, drehete sich um, riß Monsieur den Hirschfänger aus der Hand und verschlang ihn mit solcher Hitze, daß er mitten durch das Herz des Ungetüms fuhr und es auf der Stelle sein Leben verlor.»

Ich brauche Ihnen nicht zu sagen, meine Herren, wie unangenehm mir die Unverschämtheit dieses Schurken sein muß. Leute, die mich nicht kennen, werden durch dergleichen handgreifliche Lügen in unserm zweifelsüchtigen Zeitalter leicht veranlaßt, selbst in die Wahrheit meiner wirklichen Taten ein Mißtrauen zu setzen, was einen Kavalier von Ehre im höchsten Grade kränkt und beleidigt.

Свердловъ,
Предсѣдатель Всероссійскаго Съѣзда Совѣтовъ.

Давно, Бердичевскій мишурес,
Тебя хватка въ Москвѣ напурес,
Но духъ твой миѳ, вонючій мидъ
Смердитъ Русь-Матушка, смердитъ!

Моисей Урицкій,
Предсѣдатель Петроградской Чрезвычайки.

Не за разстрѣлы офицеровъ
Тебя приговорилъ нагелъ,
А потому что изъ всѣхъ воровъ
Ты Учредилку раскрылъ.

К. Радекъ-Собельсонъ,
Тоже идеи въ „Словомъ Мудреновъ"

Смотрите, русскіе тетери,
Кто обѣщалъ васъ въ октябрѣ,
Предъ нимъ открыты настежь двери
Какой еврейскихъ an der Spree.

138

Eliminations-Photomontage

Die prominenten Delegierten des 2. Kongresses der Kommunistischen Internationale in Moskau im Jahre 1920 hätten sich nicht träumen lassen, daß ihr Erinnerungsbild dereinst zusammengeschnitten und retouchiert würde, um Karl Radek (links mit Zigarette), Nikolaj Bucharin – den Lenin in seinem Testament den «Liebling der Partei» nannte – (rechts neben Radek), Grigorj Sinowjew (rechts neben Gorki), ja selbst Gorkis Sohn Peschkow (hinter Gorki mit Hut) im orwellschen «Gedankenloch» verschwinden zu lassen. Für die sowjetische Geschichtsschreibung bleiben nur noch Lenin und Gorki übrig (Abb. links). Die Retouchierten aber gingen während der «Großen Säuberung» der Jahre 1936–1938 zugrunde.

Rufmord

In dem primitiven Stil der berüchtigten «Protokolle der Weisen von Zion» gaben russische Emigranten eine Hetzbroschüre gegen den «jüdischen Bolschewismus» heraus, in welcher die Porträts von Sinowjew, Trotzki, Steklow, Swerdlow, Uritzki, Radek und anderer in semitischen Zügen karikiert wurden. In der Folge fielen zwei der Verleumdeten Attentaten zum Opfer, weitere wurden in den dreißiger Jahren in Schauprozessen als «Judasse» liquidiert. Im Jahre 1952 wird in den Slansky-Prozessen der Höhepunkt des sowjetischen Antisemitismus erreicht, und der «jüdische Charakter» der meisten Angeklagten wurde besonders herausgestrichen. Auf der zaristischen wie auf der sowjetischen Seite – wie auch andernorts – läßt sie viel an krummen Nasen aufhängen, selbst dann, wenn man sie erfinden muß.

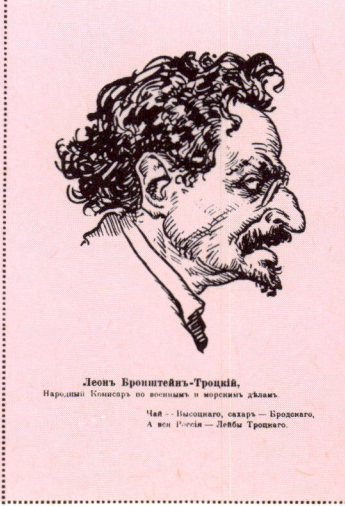

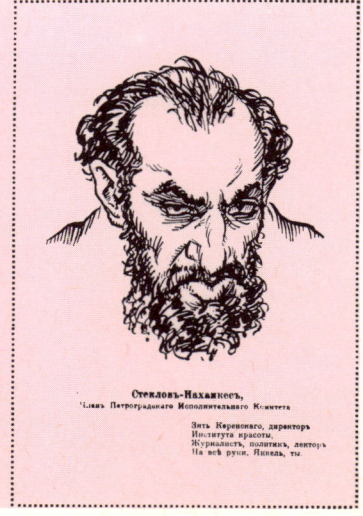

Es ist ein Fuß, sonst nichts

Während des «Prager Frühlings» vom Volke enthusiastisch gefeiert, wird Parteisekretär Alexander Dubček nach der sowjetischen Panzerokkupation zur orwellschen *Unperson*. Selbst aus historischen Photodokumenten muß sein Konterfei verschwinden. Auf dem oberen Bild sehen wir Dubček zusammen mit Staatspräsident Svoboda. Auf dem unteren Bild wurde Svoboda vergrößert, während man den Reformkommunisten wegretouchierte. Bei dieser Operation verlor das Haus im Hintergrund einen Kamin, während der Photograph in der Eile vergaß, Dubčeks rechten Fuß abzudecken. So bleibt der Nachwelt zum Beweis seiner einstigen Existenz wenigstens seine rechte Schuhspitze erhalten . . .

Verschaukelt!

Sicher in allen Sätteln

Aufs falsche Pferd gesetzt

Prinzessin hoch zu Roß

Mark, schenk' mir ein Pferdchen!

Hoppe, hoppe, Reiter!

Unter solchen Titeln ging kurz nach der Verlobung der englischen Prinzessin Anne mit Mark Phillips eine Schaukelpferdbildserie durch jene Presse, der ein Scherenschnitt besser von der Hand geht als ehrliche Berichterstattung.

Oben: «Sicher in allen Sätteln» heißt das Unbild in der «Bunten Illustrierten», mit dem die Leser verschaukelt werden: Prinzessin Anne und ihr Verlobter Mark Phillips kurzweilen sich und das Publikum auf Schaukelpferdchen.

Mitte: Ein ähnliches ergaunertes Motiv hatte bereits die Illustrierte «Paris Match» als Titelknüller veröffentlicht. Die Franzosen gaben allerdings mit dosierter Ehrlichkeit in einer Notiz im Inhaltsverzeichnis, wo es die wenigsten beachten, zu: «Unsere Techniker haben auf unserem Photo den Kopf von Prinzessin Anne dorthin plaziert, wo sich das Gesicht einer Unbekannten befand, die einen Tag lang mit Leutnant Phillips posiert hatte.»

Unten: Die ganze Wahrheit der Rocking Horse Story ist auf der ursprünglichen Vorlage der englischen Agentur Camera-Press zu finden: Die Unbekannte, die ihren Kopf für den Klatsch opfern mußte, ist Mark Phillips' Reiterkameradin Mary Gordon Watson.

Leider gibt es keine Statistik, die uns zeigt, wie viele Bilder und Texte, die Geschichte oder Geschichten machen, im Westen wie im Osten Fälschung, Lüge und Betrug sind.

Des Kaisers neue Kleider

von H. C. Andersen

Vor vielen Jahren lebte ein Kaiser, der so ungeheuer viel auf neue Kleider hielt, daß er all sein Geld dafür ausgab, um recht geputzt zu sein . . . In der großen Stadt, in der er wohnte, ging es sehr munter her. An jedem Tage kamen viele Fremde an, und eines Tages kamen auch zwei Betrüger, die gaben sich für Weber aus und sagten, daß sie das schönste Zeug zu weben verstünden. Die Farben und das Muster seien nicht allein ungewöhnlich schön, sondern die Kleider, die davon genäht würden, sollten die wunderbare Eigenschaft besitzen, daß sie für jeden Menschen unsichtbar seien, der nicht für sein Amt tauge oder der unverzeihlich dumm sei.

«Das wären ja prächtige Kleider», dachte der Kaiser; «wenn ich solche hätte, könnte ich ja dahinterkommen, welche Männer in meinem Reiche zu dem Amte, das sie haben, nicht taugen, ich könnte die Klugen von den Dummen unterscheiden! Ja das Zeug muß sogleich für mich gewebt werden!» Er gab den beiden Betrügern viel Handgeld, damit sie ihre Arbeit beginnen sollten.

Sie stellten auch zwei Webstühle auf, taten, als ob sie arbeiteten; aber sie hatten nicht das geringste auf dem Stuhle. Trotzdem verlangten sie die feinste Seide und das prächtigste Gold, das steckten sie aber in ihre eigene Tasche . . .

Alle Menschen in der Stadt sprachen von dem prächtigen Zeuge. Nun wollte der Kaiser es selbst sehen, während es noch auf dem Webstuhl sei. Mit einer ganzen Schar auserwählter Männer ging er zu den beiden listigen Betrügern hin . . .

«Ja ist das nicht prächtig?» sagten die Staatsmänner. «Wollen Eure Majestät sehen, welches Muster, welche Farben?» und dann zeigten sie auf den leeren Webstuhl, denn sie glaubten, daß die andern das Zeug wohl sehen könnten.

«Was!» dachte der Kaiser; «ich sehe gar nichts! Das ist ja erschrecklich! Bin ich dumm? Tauge ich nicht dazu, Kaiser zu sein? Das wäre das Schrecklichste, was mir begegnen könnte.» «Oh, es ist sehr hübsch», sagte er; «es hat meinen allerhöchsten Beifall!» . . . Das ganze Gefolge sah und sah, aber es bekam nicht mehr heraus als alle die andern, aber sie sagten gleich wie der Kaiser: «Oh, das ist hübsch!» und sie rieten ihm, diese neuen prächtigen Kleider das erstemal bei dem großen Feste, das bevorstand, zu tragen . . .

Die ganze Nacht vor dem Morgen, an dem das Fest statthaben sollte, waren die Betrüger auf und hatten sechzehn Lichter angezündet. Die Leute konnten sehen, daß sie stark beschäftigt waren, des Kaisers neue Kleider fertigzumachen. Sie taten, als ob sie das Zeug aus dem Webstuhl nähmen, sie schnitten in die Luft mit großen Scheren, sie nähten mit Nähnadeln ohne Faden und sagten zuletzt: «Sieh, nun sind die Kleider fertig!»

«Belieben Eure Kaiserliche Majestät Ihre Kleider abzulegen», sagten die Betrüger, «so wollen wir Ihnen die neuen hier vor dem großen Spiegel anziehen!»

Der Kaiser legte seine Kleider ab, und die Betrüger stellten sich, als ob sie ihm ein jedes Stück der neuen Kleider anzögen, die fertig genäht sein sollten, und der Kaiser wendete und drehte sich vor dem Spiegel . . .

«Seht, ich bin fertig!» sagte der Kaiser. «Sitzt es nicht gut?» und dann wendete er sich nochmals zu dem Spiegel; denn es sollte scheinen, als ob er seine Kleider recht betrachte. Die Kammerherren,

die das Recht hatten, die Schleppe zu tragen, griffen gegen den Fußboden, als ob sie die Schleppe aufhöben, sie gingen und taten, als hielten sie etwas in der Luft; sie wagten es nicht, es sich merken zu lassen, daß sie nichts sehen konnten.

So ging der Kaiser unter dem prächtigen Thronhimmel, und alle Menschen auf der Straße und in den Fenstern sprachen: «Wie sind des Kaisers neue Kleider unvergleichlich! Welche Schleppe er am Kleide hat! Wie schön sie sitzt!» Keine Kleider des Kaisers hatten solches Glück gemacht wie diese . . .

«Aber er hat ja gar nichts an!» sagte endlich ein kleines Kind. «Hört die Stimme der Unschuld!» sagte der Vater; und der eine zischelte dem andern zu, was das Kind gesagt hatte.

«Aber er hat ja gar nichts an!» rief zuletzt das ganze Volk. Das ergriff den Kaiser, denn das Volk schien ihm recht zu haben, aber er dachte bei sich: «Nun muß ich aushalten.» Und die Kammerherren gingen und trugen die Schleppe, die gar nicht da war.

Der gotische Truthahn

Zu den frühgotischen Kirchenfresken, Detail Abbildung oben, schreibt 1940 der Kunsthistoriker Professor Alfred Stange: «Mit einer verblüffenden Eindringlichkeit hat der Maler selbst kleinste Merkmale beobachtet. Er malte etwa um 1280.»

Zu der Wiedergewinnung der großartigen Malereien in der Kirche St. Marien in Lübeck, gewürdigt durch eine «Wohltätigkeits-Gedenkausgabe» (Abb. rechts), führt der Kunsthistoriker Hans Jürgen Hausen aus: «Die Malerei ist bis zu ihrer Entdeckung ... 1942 fast 500 Jahre unter einer weißen Kalkschicht verborgen gewesen.»

Der frühgotische Meister wurde am 3. Mai 1913 in Königsberg geboren und hieß Lothar Malskat. Daß seine einmalige Illusion der Gotik wieder abgewaschen wurde, ist ein Verlust schon allein wegen des erstmals 1524 am englischen Hof aus Südamerika eingeführten Truthahns, den der Künstler in das 13. Jh. zurückversetzt hatte! Die gute Fälschung ist eine der intelligentesten und schöpferischsten Formen des Betruges.

Fälschung durch Kopie und Zensur

Beide erheben den Anspruch, «dal naturo appunto», nach der Natur gezeichnet zu sein. Mindestens fünf ähnliche Sensationskopien wurden von Künstlern des 16. und 17. Jh. im Bilde festgehalten, wobei jeder die frühere Vorlage eines Kollegen mehr oder weniger getreulich abgezeichnet und allenfalls für die Moral seines Lebenskreises pfannenfertig retouchierte.

Bei der Wanderung von Italien über Frankreich nach England fällt die Illustration «Satyr und Nymphe» aus dem 1499 erschienenen Roman «Hypnerotomachia Poliphili» von Francesco Colonna (Abb. rechts) in die kastrationsgewandten Hände der Zensur.

Die heilige Pille

Unter den Devotionalien hat man an den Wallfahrtsorten, besonders im süddeutschen Raum, bis ins letzte Jahrhundert Schluckbilder verkauft (Abb. links oben). Vorsorglich hat sich der Pilger auf Jahre hinaus gegen die verschiedensten Krankheiten mit einer Reserve von hilfreichen Eßzetteln eingedeckt, für sich, die Familie, gegen das Lahmen des Pferdes, Verkalben der Kuh, die Hühnerpest und den Rotlauf der Schweine. In die gleiche Vorstellungswelt gehört der noch anfangs unseres Jahrhunderts geübte Brauch, den Erstkläßlern auf den Schulweg ein rohes Ei zu essen zu geben, in das man die Buchstaben des Alphabets gemischt hatte.

Als die Schluckbilder nicht mehr gedruckt wurden, schluckte die ländliche Bevölkerung als Ersatz die kleinen Heiligenbilder aus den Manderl-Kalendern.

Einer Legende zufolge haben die Engel das Haus der Heiligen Familie nach Loreto versetzt, wo es zerpulvert in Päckchen abgefüllt als Medizin vertrieben und der Staub zu Majolikaschüsseln und

Die Tagnachtlampe

von Christian Morgenstern

Korf erfindet eine Tagnachtlampe,
die, sobald sie angedreht,
selbst den hellsten Tag
in Nacht verwandelt.

Als er sie vor des Kongresses Rampe
demonstriert, vermag
niemand, der sein Fach versteht,
zu verkennen, daß es sich hier handelt –

(Finster wirds am hellerlichten Tag,
und ein Beifallssturm das Haus durchweht,)
(Und man ruft dem Diener Mampe:
«Licht anzünden!») – daß es sich hier handelt

um das Faktum: daß gedachte Lampe,
in der Tat, wenn angedreht,
selbst den hellsten Tag
in Nacht verwandelt.

Tellern geformt wurde (Abb. oben). Die Schluckpraxis ist im Gegensatz zu der modernen Pille 1903 von der Kirchenbehörde in Rom offiziell genehmigt worden.

Die andere Wahrheit

Es unterhielten sich ein Katholik und ein Jude über religiöse Fragen. «Eins verstehe ich nicht», sagte der Katholik. «Wie kann man als gebildeter Mensch glauben, die Juden seien durch das Rote Meer gezogen?» «Sie mögen recht haben», sagte der Jude. «Wie kann man aber glauben, Jesus Christus sei nach dem Tode auferstanden?» «Das ist etwas anderes», sagte der Katholik. «Das ist wahr.»

◄ *Das Volk Israel nach der Durchschreitung des Roten Meeres, von Gustave Doré.*

was in Eurer Gegenwart zu tun. Die Ursache dieser Gesichtstäuschung muß wahrhaftig in dem Baume liegen; denn daß Ihr hier fleischlich bei Eurer Frau gelegen hättet, das hätte ich mir von der ganzen Welt nicht ausreden lassen, wenn ich nicht Euch hätte sagen hören, es habe Euch geschienen, daß ich etwas getan hätte, woran ich, das weiß ich sicherlich, nie gedacht habe, geschweige denn, daß ich es jemals getan hätte.» Nun stand die Dame, die ganz verstört tat, auf und begann: «Daß dich Gott strafe, wenn du mir so wenig Verstand zutraust, daß ich, wenn ich schon derlei liederliche Streiche im Sinne hätte, wie du sagst, daß du sie gesehn habest, nichts Besseres wüßte, als sie vor deinen Augen zu verüben. Darüber kannst du ruhig sein: wenn mich die Lust danach ankäme, hierher käme ich nicht, sondern ich hielte dafür, es würde mir schon in einem von unsern Gemächern auf eine Art und Weise gelingen, daß es mich wundernehmen sollte, wenn du es je erführest.» Nicostratus, dem das richtig zu sein schien, was eins wie das andere gesagt hatte, nämlich daß sie sich hier vor ihm niemals einer solchen Handlung unterstanden hätten, ließ von seinen Reden und Vorwürfen ab und begann von der Seltsamkeit des Ereignisses zu sprechen und von dem Wunder, daß sich dem, der auf den Baum steige, das Gesicht verkehre.

Pygmalions Wunschtraum

Pygmalion schuf eine weibliche Elfenbeinfigur. Auf sein Flehen hin schenkte die Göttin Venus seinem Werke Leben. Ohne die beglückende Wunschvorstellung, die diesem Mythos zugrunde liegt, gäbe es wahrscheinlich überhaupt keine Kunst. Die Illusion des Schönen, von dem naiven Idealbild des Aurignac-Menschen bis zur idealisierten Dümmlichkeit der milchstraßenbesexenden Barbarella, läßt sich nur innerhalb der kongenialen Geistigkeit einer ganzen Zeit verstehen. Das Schöne, das noch nach der griechischen Auffassung gemäß Plato einer unwandelbaren Idee entsprach, wurde nach der Hegelschen Formel «das sinnliche Scheinen der Idee». Somit bleibt die Schönheit immer nur Spiegelbild dessen, was von einer Gruppe oder einer Zeit als schön empfunden wird.

«Die Perser lieben diejenigen, die eine Habichtsnase haben, und halten sie für die schönsten, weil Cyrus, der geliebteste unter ihren Königen, eine solche Nase hatte» (Plutarch).

Von links nach rechts:

Venus von Willendorf, Altsteinzeit, ca. 30000 v. Chr.
Fruchtbarkeitsgöttin Istar, sumerisch-akkadisch, um 2000 v. Chr.
Venus Genetrix, Kallimachos, 5. Jh. v. Chr.
Die Geburt der Venus, Botticelli, 15. Jh. n. Chr.
Pin-upgirl von Vargas und Barbarella, 20. Jh. n. Chr.

UND HIER DAS TRINK- GELD !

Das verkehrte Gesicht

Aus: G. di Boccaccio, Das Dekameron:
Neunte Geschichte des siebenten Tages

Obwohl Lydia bis zu ihrer Vereinigung mit Pyrrhus jede Stunde so lang wie tausend vorkam, verlangte sie doch danach, ihm noch eine größere Sicherheit zu geben, und wollte ihm auch das noch halten, was sie versprochen hatte; darum stellte sie sich krank, und als sie eines Tages nach dem Essen von Nicostratus besucht wurde und niemand sonst bei ihm sah als Pyrrhus, so bat sie ihren Mann, er möge ihr mit Pyrrhus helfen, zur Linderung ihres Leidens in den Garten zu gehn. Daher faßte sie Nicostratus an der einen Seite und Pyrrhus an der andern und trugen sie so in den Garten und setzten sie auf einem Rasenfleckchen am Fuße eines hübschen Birnbaums nieder: Nachdem sie dort ein Weilchen gesessen hatten, sagte die Dame zu Pyrrhus, den sie schon früher unterwiesen hatte, was er zu tun habe: «Pyrrhus, ich habe ein großes Verlangen nach ein paar von diesen Birnen; steig also hinauf und wirf etliche herunter.» Pyrrhus stieg sofort auf den Baum und begann Birnen herabzuwerfen; und unter dem Werfen begann er folgendermaßen: «Aber Herr, was treibt Ihr denn? Und Ihr, Herrin, schämt Ihr Euch nicht, so etwas in meiner Gegenwart zu leiden? Glaubt Ihr, ich sei blind? Eben noch waret Ihr so schwer krank: wie seid Ihr denn so rasch genesen, daß Ihr derlei Sachen macht? Und wenn Ihr sie schon machen wollt, so habt Ihr doch so viele schöne Gemächer; warum geht Ihr denn nicht ins Haus? Das wäre viel anständiger, als es so in meiner Gegenwart zu machen.» Die Dame wandte sich zu ihrem Gatten und sagte: «Was sagt Pyrrhus? Redet er irre?» Nun sagte Pyrrhus: «Ich rede nicht irre, nein; glaubt Ihr denn, ich sähe es nicht?» Nicostratus war baß erstaunt und sagte: «Pyrrhus, ich glaube wahrlich, du träumst.» Und Pyrrhus antwortete ihm: «Herr, ich träume auch nicht ein bißchen, Ihr träumt ja auch nicht: vielmehr rührt Ihr Euch so weidlich, daß, wenn sich der Birnbaum ebenso rührte, nicht eine einzige Birne oben bliebe.» Nun sagte die Dame: «Was mag das sein? Könnte es wirklich so sein, daß er das wirklich zu sehn glaubt, was er sagt? So wahr mir Gott helfe, wäre ich so

gesund, wie ich einmal war, ich stiege hinauf, um zu sehn, was das für Wunder sind, die er sehn will.» Pyrrhus auf dem Birnbaume ließ nicht ab von seinen Reden; endlich sagte Nicostratus zu ihm: «Steig herunter», und das tat er. Nun sagte Nicostratus: «Was sagst du also, das du gesehn hast?» Pyrrhus sagte: «Ich glaube, Ihr haltet dafür, ich sei närrisch oder redete im Schlafe: ich habe Euch, wenn ich es denn sagen muß, auf Eurer Frau gesehn; und als ich dann heruntergestiegen bin, habe ich gesehn, wie Ihr Euch erhoben und Euch dorthin gesetzt habt, wo Ihr jetzt seid.» – «Wahrhaftig», sagte Nicostratus, «du bist nicht recht gescheit; denn seitdem du auf den Baum gestiegen bist, haben wir uns in keiner Weise gerührt außer so, wie du siehst.» Und Pyrrhus sagte zu ihm: «Warum streiten wir darüber? Ich habe Euch gesehn, und habe ich Euch gesehn, so habe ich Euch auf dem Eurigen gesehn.» Nicostratus wunderte sich immer mehr, bis er endlich sagte: «Ich will doch sehn, ob der Baum verzaubert ist und ob wirklich, wer oben ist, diese Wunder sieht»; und er stieg hinauf. Als er oben war, begannen sich die Dame und Pyrrhus miteinander zu ergötzen; als das Nicostratus sah, begann er zu schreien: «O du schlechtes Weib, was tust du denn? Und du, Pyrrhus, auf den ich so viel vertraut habe!» Und mit diesen Worten begann er vom Baume herunterzusteigen. Die Dame und Pyrrhus sagten: «Wir sitzen hier»; und als sie ihn heruntersteigen sahen, setzten sie sich wieder so hin, wie er sie verlassen hatte. Kaum war Nicostratus herunten, so begann er ihnen, die dort saßen, wo er sie verlassen hatte, Beschimpfungen zu sagen. Aber Pyrrhus sagte zu ihm: «Nicostratus, nun gestehe ich es in Wahrheit, daß ich, wie Ihr vorhin gesagt habt, falsch gesehn habe, solange ich auf dem Baume war, und das erkenne ich aus nichts anderm, als weil ich sehe und weiß, daß auch Ihr falsch gesehn habt. Und daß ich die Wahrheit sage, dafür braucht Ihr keinen andern Beweis, als daß Ihr berücksichtigt und bedenkt, ob sich Eure Frau, die doch weit ehrbarer und klüger ist als jegliche andere, wenn sie Euch eine solche Schande antun wollte, dazu hergeben würde, es vor Euern Augen zu tun; von mir will ich nicht erst sprechen, der ich mich lieber vierteilen ließe, als daß ich nur daran dächte, geschweige denn wirklich daran ginge, so et-

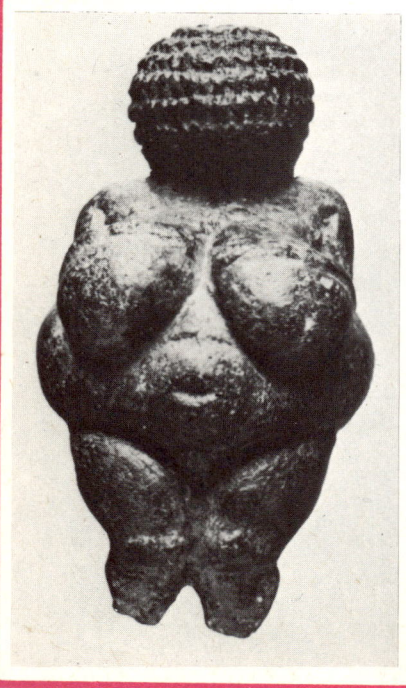
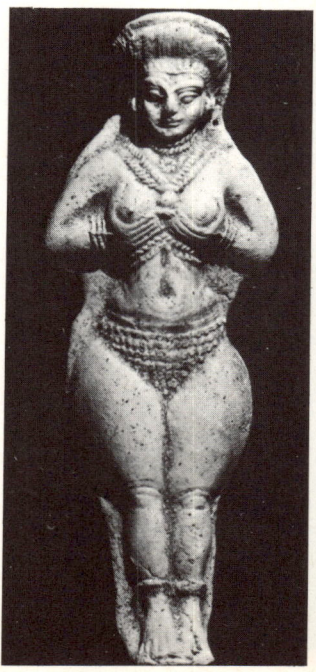

1

Ewige Jugend

In dem Hohelied auf die verjüngte Sinnlichkeit hat man eigentlich das entschwundene goldene Zeitalter oder das Idealbild des Lebens gesehen. So schätzt auch Rabelais in grotesker Übertreibung die irdischen Güter ein, wenn er in seinem «Gargantua und Pantagruel» den Panurge über Kraft und Jugend reden läßt: «Ist der Kopf verloren, so geht nur der Mensch drauf, gingen aber die Schellen verloren, so ginge die ganze menschliche Natur zugrunde.» Dies bewog den galanten Galen im I. Buch «De spermate» zu dem wackern Schluß, es wäre besser, es hätte einer kein Herz, als er hätte kein Gemächte. Dies bewog auch den Gelehrten Justinian, libro IV, «De muckeribus tollendis: Summum bonum in hosis et latzibus zu sehen». Tempora mutantur?

Abb. 1: Der Jungbrunnen, vom Meister mit den Bandrollen, 15. Jh.
Abb. 2: Die Altweibermühle, Nürnberger Kupferstich um 1810.
Abb. 3: Die sagenhafte Insel Atlantis nach Athanasius Kirchner.
Abb. 4: Idealbild des Ida-Feldes auf Atlantis.

2

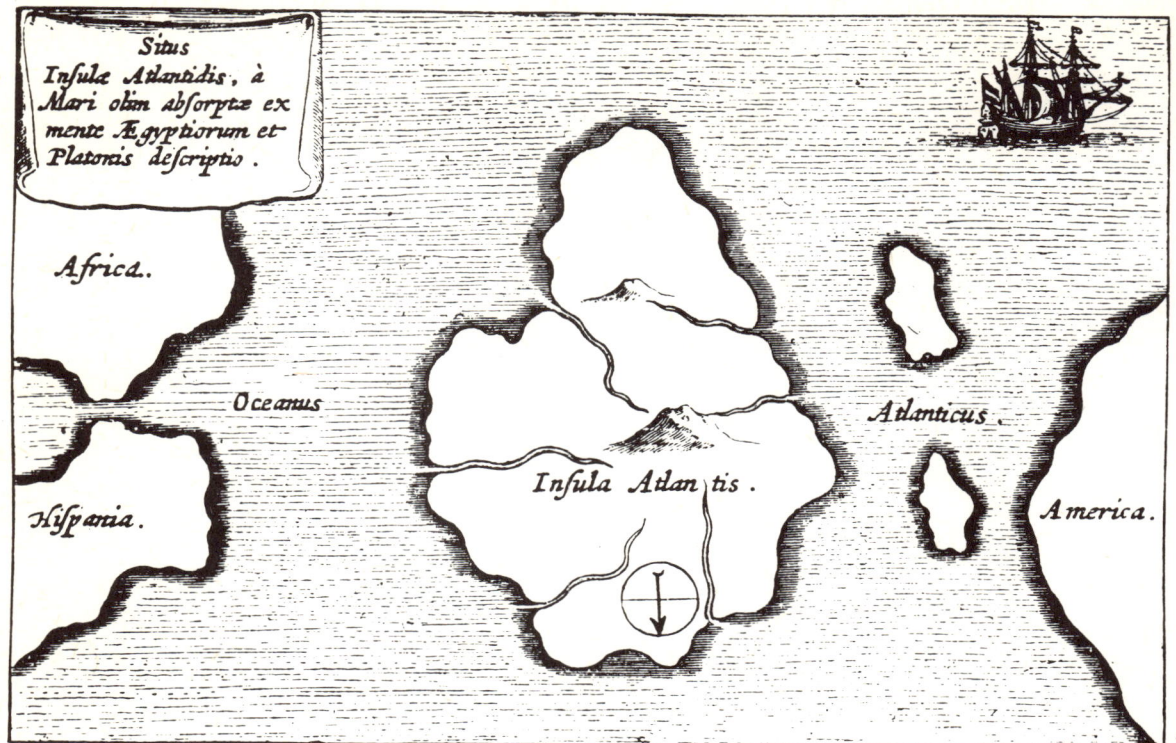

Der versunkene Traum

Die jahrtausendealte Mär von Atlantis geht zurück auf die Berichte des griechischen Philosophen Platon. Noch heute wird dieses verlorene Paradies, das goldene Jerusalem, der ewige Menschheitstraum vom tausendjährigen Reich des Friedens, von Geologen, Geographen, Ingenieuren, Paläontologen, Archäologen, Philologen und Ozeanographen mit einem Riesenaufgebot an Mosaiksteinchen aus Mythologie, Folklore, Sage, vergleichender Sprachkunde rekonstruiert, in den verschiedensten Gegenden der Welt gesucht und gefunden.

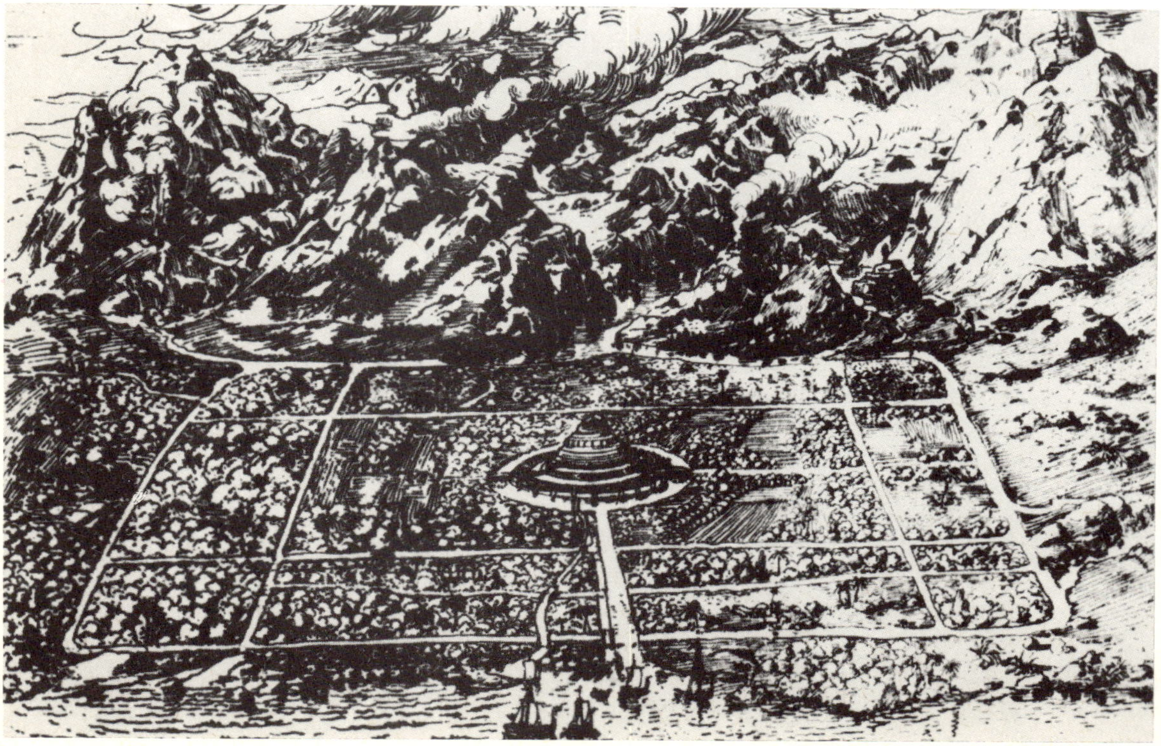

Das Paradies, der Menschheit ältester Wunschtraum

Dieser älteste Sagenkomplex kommt über das Gilgamesch-Epos der Sumerer zu den nachfolgenden Babyloniern und Assyrern, die ihn ausgesponnen und an die Israeliten, wahrscheinlich während deren Gefangenschaft in Babylon, weitergegeben haben. Derweil sich Adam und Eva nach der Genesis in nackter Unschuld tummeln, liegt der Urmensch in unerbittlichem Daseinskampf mit seiner Umwelt.

«Das Schlaraffenland», Groteske des verlorenen Paradieses

Der Ausschnitt aus dem Kontinent des Lasters mit seinen Provinzen des Großen Magens, der Prahlhänse, Schlemmer, Spieler und lockeren Weiber wird von dem unbekannten Kartographen so beschrieben: «Accurata Utopiae tabula, das ist der neu entdeckten Schalck-Welt oder des so offt benannten und doch nie erkannten Schlaraffenlandes neuerfundene, lächerliche Land-tabelle, worinnen alle und jede Laster in besondere Königreiche, Provinzen und Herrschaften abgetheilet werden etc., durch Author anonymus.»

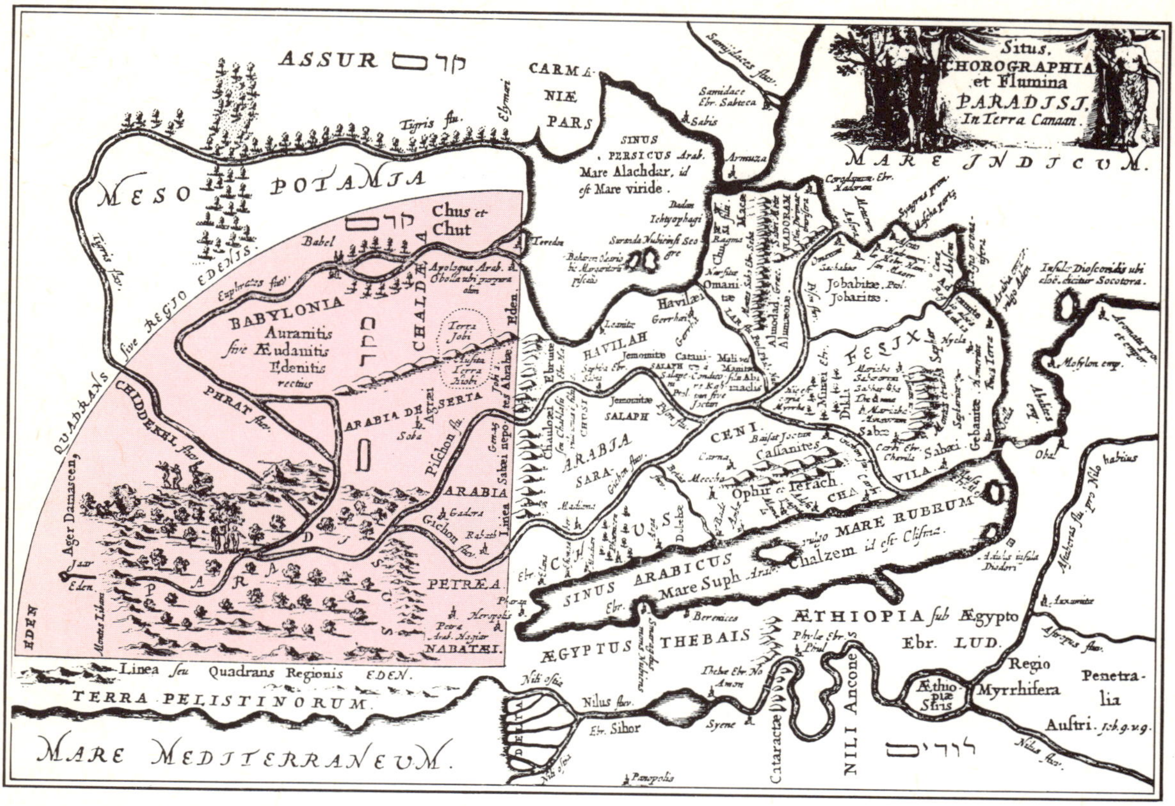

Genaue Lage des Paradieses nach Johann Herbinius, 1678.

Das Paradies, Kupferstich von Matthäus Merian, 1633.

Tartarin aus Tarascon (Fritz Fischer)

und das Ohr können Wahrnehmungen anscheinend auch aus sich heraus produzieren, Blinde sehen nichts und Taube hören nichts — von all dem geht die Welt nicht unter.

Gewiß nicht. Aber für die Theorie des pragmatischen Positivismus ist das Phänomen der Täuschung der schwerste Brocken, den sie verdauen muß. Ich glaube nicht, daß dieser Brocken ganz und gar unverdaulich ist; aber ich bin mir der verführerischen intellektuellen Brücke durchaus bewußt, die von «man träumt im Leben» zu «das Leben ist ein Traum» führt. Mit anderen Worten: Wer zugibt, daß nicht allen subjektiven Wahrnehmungen objektive Ereignisse entsprechen — gibt der nicht auch zu, daß es unmöglich ist, zwischen subjektiven Wahrnehmungen und objektiven Ereignissen zu unterscheiden?

Was die Täuschung so tückisch macht, ist ihre unübersetzte Direktheit. Lüge und Irrtum können indirekt entlarvt werden durch Vernunft und durch Erfahrung. Aber die Täuschung richtet sich gegen unsere ersten Erfahrungen, verwirrt das Weltbild, das unsere Sinne uns vermitteln. Der einzelne ist dadurch wehrlos gegen die Täuschung — zumindest in dem Augenblick, in dem er ihr erliegt. Meistens erlebt er, wie der Erwachende, andere Augenblicke, die ihm eine Selbstkorrektur ermöglichen: Das war ein Traum, eine Täuschung, eine Illusion. Aber oft bedarf er der anderen, die

Soldat Schwejk (Josef Lada)

möchte er nur an ihr Geld kommen. Hier muß getrennt werden: Wahr ist, daß er zu ihr gesagt hat «ich liebe dich»; die in diesem Satz enthaltene Information kann dennoch unwahr sein.

Auch Tiere lügen. Mein Hund weiß: Wenn er nachts anschlägt, dann komme ich und sehe nach, was los ist. Manchmal ist gar nichts los. Nach langem Zusammenleben mit ihm weiß ich: Manchmal bellt er, weil er mich aufmerksam machen will auf etwas, was er für eine Gefahr hält; manchmal bellt er aber auch nur, weil er sich einsam fühlt oder Angst hat, auf jeden Fall, weil er weiß: Wenn ich belle, kommt der Menschenmann.

So oft die meisten von uns auch immer wieder auf Lügen hereinfallen, so wenig können Lügen ein pragmatisch-positivistisches Weltbild ernsthaft erschüttern.

Ein eher noch harmloserer Gegner der pragmatisch-positivistischen Wahrheit, die sich versteht als Artikulation von Reaktionen menschlichen Bewußtseins auf Umwelterfahrungen, ist der Irrtum. Für «harmlos» halte ich ihn deswegen, weil er ja doch eigentlich nur eine Panne bezeichnet innerhalb eines im übrigen für wahr und wirklich gehaltenen Mechanismus. Wer Wahrheit für weder erkennbar noch gar mitteilbar hielte, dem bedeutete ein einzelner Irrtum gar nichts, da er ja doch die Notwendigkeit dauernden Irrens gewissermaßen zum Weltgesetz erhoben hat.

Bleibt die Täuschung als drittes Argument gegen die scheinbar naive Annahme, die Welt sei im Grunde wirklich so, wie sie von menschlichen Sinnen aufgenommen und durch das Filter der Vernunft in menschlichem Bewußtsein gespeichert wird.

Mit der Täuschung ist das nicht so einfach. In ihrer praktischen Bedeutung scheint sie harmlos. Also gut, es gibt Träume und Fata Morganas, das Auge

ihm klar machen: Du täuschst dich, du träumst. Jedes individuelle Erlebnis kann eine Täuschung, eine Illusion sein. Auch viele können für wahr halten, was doch illusionär ist — vor allem dann, wenn sie sich gegenseitig beeinflussen. Aber — um nun eine ziemlich lange Gedankenkette kurz zu schließen — es gibt keine alltägliche Täuschung, der alle immerzu oder auch nur die meisten meistens anheimfallen könnten; denn gäbe es sie, dann wäre eben das, was dem Sonderling als alltägliche Täuschung erscheinen mag, die alltägliche Wahrheit.

Die Tiere sind ein Grenzfall zwischen Tischen und Tischlern; weil – was im einzelnen zu erörtern wäre – sie weder auf das Bewußtsein des Tischlers noch auf das Nicht-Bewußtsein des Tisches festgelegt werden können. Die Verhaltensforscher nun machen uns Laien, die wir das Verhalten von Tie-

Peter Schlemihl (Adolph Menzel)

ren auf unsere menschlich unzulängliche Art aus menschlicher Perspektive zu verstehen versuchen, gerne den ungeheuer eindrucksvollen Vorwurf, wir täten Unzulässiges, wir «vermenschlichen» die Tiere. Wir glaubten, zum Beispiel, wenn ein Vogel uns aus der Hand frißt, dann habe er Zutrauen, wenn ein Hund knurrt, dann sei er ärgerlich, wenn ein Kater maunzt, dann stünde sein Sinn nach seiner Katze so, wie der Sinn des Menschen immer einmal wieder nach einer Menschin steht.

Die Verhaltensforscher haben gewiß recht: So sieht die Wahrheit der Tiere wahrscheinlich nicht aus. Aber was ist das denn: die «Wahrheit der Tiere»? Es ist im Grunde nichts anderes als Rilkes «wie die Dinge» – oder eben die Tiere – «innig meinten zu sein».

Mit anderen Worten: Ob der Hund spielen oder seine Unterwürfigkeit zeigen oder Erotik üben will, wenn er sich auf den Rücken legt und mit den Beinen stampelt – wer von uns könnte das aus dem Bewußtsein eines Hundes heraus entscheiden?

Wir können gar nicht anders, als den Tieren, wie den Dingen, menschliche Wahrheit aufzwingen; denn «Wahrheit» ist ein Wort der Menschen, ist ein menschlicher Begriff und hat – so möchte ich es behaupten – außerhalb der Menschenwelt schlechterdings keinen vertretbaren Sinn.

Die alltägliche Wahrheit sieht anders aus als jene «Wahrheit», die in den philosophischen Systemen der Idealisten wie der Materialisten erscheint. Sie ist bescheidener – und haltbarer. Sie ist nicht mehr,

aber auch nicht weniger als: das rechte Verhältnis zwischen dem Milieu, als der Welt der Dinge, und menschlichem Bewußtsein, als dem auf seine Art des Erkennens pochenden Subjekt.

Die alltägliche Wahrheit gewinnt ihre Unerschütterlichkeit für mich aus zwei elementaren Ereignissen, in denen Augenschein, Vorstellung, Wirklichkeit, Wahrheit so eklatant zusammenfallen, daß Philosophie und Ideologie dem nichts hinzuzufügen haben. Ich meine: Geburt und Tod. Und ich hielte eine Welt für in sich unstimmig, in der nur Anfang und Ende evident wären, während alles, was dazwischen noch geschieht, spezieller Deutungen bedürfte. Logische Vernunft führt mich zu der Annahme, daß Glück und Unglück, Freude und Schmerz, Liebe und Haß, Tisch und Stuhl, Hund und Katze, Sonne und Mond und Sterne genau so real, so wirklich, so wahr sind wie Geburt und Tod.

Wo ein solcher pragmatischer Positivismus nicht tumb, blauäugig und naiv sein will, muß er sich immer wieder mit drei Gegenspielern auseinandersetzen: der Lüge, dem Irrtum und der Täuschung. Daß ein Schall-Ereignis, das von unserem Ohr aufgenommen wird, zwar wirklich ist, aber eine Unwahrheit enthalten kann, haben wir alle erfahren. Er sagt zu ihr «ich liebe dich», und in Wirklichkeit

Münchhausen (Theodor Hosemann)

und wo kein Stuhl ist, da ist offenbar auch kein Tisch. Manche Japaner sitzen dennoch auch ganz gerne wie Europäer, und dann schummeln sie: Sie graben Löcher für die Beine in den Fußboden, und

Gargantua (Gustave Doré)

sie sitzen dann, gewissermaßen, «zu Fußboden» wie zu Tisch. Ist unterhöhlter Fußboden auch ein «Tisch»? Schon ohne die Philosophen und die Physiker gibt es Schwierigkeiten genug.

Da brauchen uns die Philologen gar nicht erst noch zu kommen und uns darüber aufklären, daß ein Tisch «in Wirklichkeit» keineswegs überall ein Tisch sei, sondern in Paris sei das Ding natürlich «une table» und in London «a table». Ersparen wir es uns, danach zu fragen, was denn in Tokio ein Tisch ist; denn da gibt es ja noch jene schon erwähnten besonderen Schwierigkeiten, die auch in der Sprache zum Ausdruck kommen.

Gertrude Stein sprach von Rosen. Ich möchte ihr großes Wort, das, richtig verstanden, eine Doppelohrfeige ist und mit der Vorhand die geradlinigen Idealisten, mit der Backhand die geradlinigen Materialisten trifft, schnöde auf Tische übertragen. Sonst hätte ich diese ganze Parabel statt mit einem Tisch mit einer Rose anfangen müssen, und es ist für einen musischen Pragmatiker schwer nachzuempfinden, was konsequente Idealisten einerseits und konsequente Materialisten anderseits sich bei einer Rose denken.

Frei nach Gertrude Stein also wäre zu sagen: Ein Tisch ist ein Tisch ist ein Tisch. Es ist ein gewiß nicht ganz leicht zu definierendes Möbelstück, das Menschen in aller Welt sich gebaut haben, um alltägliche Verrichtungen einfacher zu machen. Zweifellos weiß der Tisch nicht, daß er ein Tisch ist; aber die Menschen, die ihn gebaut haben, wußten ganz genau, daß sie einen Tisch bauen wollten. Und daß ein Tisch in anderen Sprachen anders heißt, sollte selbst dann kein unüberwindliches Denkhindernis sein, wenn wir uns die Sache nicht zu leicht machen: Nicht nur die Wörter, auch die Bedeutungen können sich verschieben. In vielen amerikanischen Büros, zum Beispiel, ist «a table» eine Stützfläche zur erhöhten Ablage der Beine.

Die Denkspiele der Philosophen mögen ihren eigenen Wert haben. Sie sind so interessant und so aufschlußreich wie Schachspiele. Sie haben jedoch einen Aspekt, der uns ärgerlich machen müßte – so meine ich, wenn auch vielleicht nur deswegen, weil er mich ärgert.

Da man für Tisch auch Stuhl und für Stuhl am Ende auch Staat setzen kann, läuft der idealistisch-materialistische Skepsis-Fimmel schließlich darauf hinaus zu behaupten: was in Wirklichkeit, was «in Wahrheit» ist, das wissen wir nicht.

Wäre ich ein Anhänger dieser Unheilslehre, dann würde ich auf Barrikaden steigen, um zu erkämpfen, daß Zeugen vor Gericht nicht mehr gezwungen werden dürfen, «die Wahrheit, die reine Wahrheit und nichts als die Wahrheit» zu sagen.

Was bedeutet denn eigentlich diese Skepsis gegenüber der Wahrheit in der Welt der Dinge, wie sie die Idealisten kultivieren, und in der Welt des Menschen, wie sie von den Materialisten heimlich gehätschelt wird? Rainer Maria Rilke gab zu bedenken, wir sähen die Dinge wohl so, «wie sie selber niemals innig meinten zu sein». Es wäre bil-

Pantagruel (Gustave Doré)

lig, die Verse eines Poeten, der gar nicht absurd ist, ad absurdum zu führen. Lohnender erschiene es mir, die in Europa gerade jetzt in höchster Blüte stehende Wissenschaft «Verhaltensforschung» herauszufordern, die es nicht mit den Tischen hat, sondern mit den Tieren.

Die alltägliche Wahrheit

von Rudolf Walter Leonhardt

*Thyl Ulenspiegel und Lamme Goedzak
(Wiltraud Jasper)*

Wenn ein Philosoph zu lange über einen Tisch nachdenkt, passieren sonderbare Dinge. Folgt er der von Kant begründeten Denkschule des deutschen Idealismus, dann wird er uns versichern, über die wahre Existenz dieses Tisches wüßten wir im Grunde nichts. Der Tisch existiere ja nur in uns, als Vorstellung. Was dieser Vorstellung in der Wirklichkeit entspreche, über dieses «Ding an sich» könnten wir gar nichts sagen. Wir könnten ja, zum Beispiel, von dem Tisch nur träumen – und dann entspräche diesem Traum-Tisch in der Wirklichkeit offenbar gar nichts. Der Traum ist das Paradebeispiel aller idealistischen Philosophen. Sonderbarerweise kommt die scheinbar entgegengesetzte Denkschule, der Materialismus, insofern zu ganz ähnlichen Ergebnissen, als auch der Materialist sich mit der Existenz des Tisches nicht zufriedengibt. Naturwissenschaftlich begründet, wie diese Denkrichtung ist, entspricht sie ganz dem Zeitgeist und ist aus diesem Zeitgeist heraus nicht zu widerlegen. Was wir «Tisch» nennen, so etwa wird da argumentiert, ist «in Wirklichkeit» zwar nicht etwa nur Vorstellung – denn der Materialist möchte natürlich festhalten an seinem Material, an der Substanz – sondern er ist für den Materialisten «in Wirklichkeit» eine Zusammenballung molekularer Ereignisse, die von dem Radar-System unserer Sinne aufgenommen und von den Nerven zum Computer unseres Gehirns geleitet werden, wo sie, da wir nun einmal so programmiert sind, «Tisch, Tisch, Tisch» signalisieren und dazu noch einige andere Informationen, die die Farbe und Größe und Form und Position des Tisches betreffen.

Der Tisch der konsequenten Materialisten unterscheidet sich am Ende kaum mehr von der Tisch-Vorstellung der Idealisten – mit der einen, freilich wichtigen Ausnahme: Der Materialist als Physiker besteht darauf, das «Ding an sich» genau zu kennen und beschreiben zu können; dies allerdings – so sagt er uns – nur mit Hilfe einer vor allem aus Formeln bestehenden Sondersprache für Physiker, die ein normaler Mensch wie du und ich nicht begreifen kann.

Es ist, darin sind sich materialistische und idealistische Denker völlig einig, nicht möglich, für jedermann verständlich die Wahrheit über einen Tisch auszusagen.

Gewiß, wenn es nur darauf ankäme, Teller und Bestecke zum Essen aufzulegen, dann dürften wir – auch mit der Erlaubnis idealistischer und materialistischer Philosophen – davon ausgehen, daß der Tisch ein Tisch ist, eine mit Hilfe von Beinen über den Fußboden erhobene horizontale Fläche, von der man essen, auf der man schreiben oder Karten spielen kann.

Selbst wer überhaupt keinen philosophischen, sondern nur alltäglichen Umgang mit Tischen pflegt, kann bemerken, daß es gar nicht so leicht ist zu bestimmen, was das denn nun eigentlich sei: «ein Tisch». Ist er wirklich eine «mit Hilfe von Beinen über den Fußboden erhobene horizontale Fläche»? Kann man einen Tisch nicht auch aus der Wand herausklappen? Oder ist es dann kein «Tisch» mehr? Und wie verhält es sich mit einem japanischen Tisch? Die Japaner hocken ja am Fußboden,

Don Quixote und Sancho Pansa (Gerhart Kraaz)

Der Wolf sah einige Hirten in ihrer Hütte ein Lamm verzehren. Er trat näher und sprach: Was für Lärm würdet ihr schlagen, wenn ich das täte!

ÄSOPISCHE FABELN

Ein Mann ging zu einem Berg und sagte: «Was für ein Narr du doch bist, oh Berg: Du kennst weder deine Größe, noch deine Höhe, noch dein Gesicht. Ich aber weiß alles über dich!» Der Berg überlegte ein Weilchen und sagte dann: «Es stimmt, daß ich dies nicht weiß; aber ich, ich bin der Berg!»

INDISCHE FABELN

Alle menschlichen Vorstellungen von den Göttern bleiben relativ auf den vorstellenden Menschen. Die afrikanischen Äthiopier stellen sich ihre Götter schwarz und stumpfnasig, die Thraker die ihrigen blauäugig und rothaarig vor. Wenn Rinder oder Löwen Hände zum Bilden von Gestalten hätten, würden sie die Götter wie Rinder und Löwen bilden.

XENOPHANES

Alle Bezauberung geschieht durch partielle Identifikation mit dem Bezauberten – den ich zwingen kann, eine Sache so zu sehen, zu glauben, zu fühlen, wie ich will.

NOVALIS

Eines Schattens Traum ist der Mensch.

PINDAR

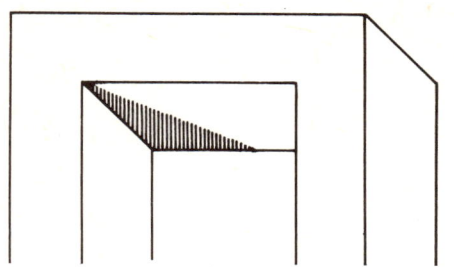

© 1973 by Verlag C. J. Bucher GmbH, München und Luzern
6. Auflage 1985
Alle Rechte vorbehalten
Gestaltung: Edi Lanners, E. Hodel, H. Opitz, H. P. Renner
Bildnachweis: Monika A. Otto; Redaktion: S. Hermann
Wechselbild durch internova, Malente
Printed in Germany by Jos. C. Huber KG, Dießen
ISBN 3 7658 0181 X

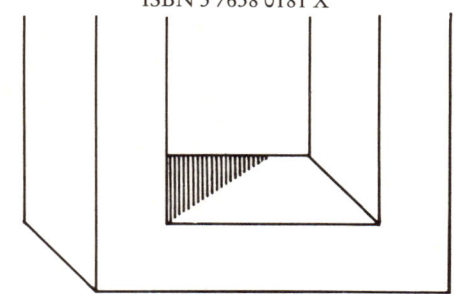

Bildnachweis

ADAGP, Paris & Cosmopress, Genf 10 22 82 83 93 100
Verlag Amstutz & Herdeg, Zürich 132
Frank Arnau, Kunst der Fälscher – Fälscher der Kunst, Econ Verlag GmbH, Düsseldorf 143
Emil Bachmann, Wer hat Himmel und Erde gemessen?, Ott Verlag, Thun 121
Bayerisches Nationalmuseum, München 145
Albert Bettex, Die Entdeckung der Natur, Droemersche Verlagsanstalt Th. Knaur Nachf., München 130 131
Galerie Beyeler, Basel 21
Bibliothèque Nationale, Paris 42 134
Georg Bischof, Steinhausen 93
Werner Bischof/Magnum † 38
Brigitte, Gruner + Jahr AG & Co., Hamburg 85
The British Museum, London 94
Büchergilde Gutenberg 133 155
Sammlung E. G. Bührle, Zürich 27
Zdeněk Burian, Prehistoric Man, Artia-Verlag, Prag 119
Camera Press Ltd., London 141
Ronald G. Carraher, Jacqueline B. Thurston, Optical Illusions and the Visual Arts, Reinhold Publishing Corporation, N. York 54 91 112 113
Franz Coray, Luzern 3 11 12 90 131 158
Dilia, Prag 152
Lo Duca, La Technique de l'Erotisme, Jean-Jacques Pauvert, Paris 82
Ulrich Ebbecke, Wirklichkeit und Täuschung, Vandenhoeck & Ruprecht, Göttingen 106

Eltern, Gruner + Jahr AG & Co., München 29
Ralph M. Evans, Eye, Film, and Camera in Color Photography, John Wiley & Sons, Inc., New York 96
Jean-Claude Forest, Barbarella II, Wilhelm Heyne Verlag, München 146
Karl Gentil, Optische Täuschungen, Aulis Verlag, Deubner & Co. KG, Köln 101
E. H. Gombrich, Kunst und Illusion Phaidon-Verlags-GmbH, Köln 126
R. L. Gregory, Auge und Gehirn, Kindler Verlag GmbH, München 65 66 92 116
Grimms Märchen, Illustrationen Otto Ubbelohde, N. G. Elwert Verlag, Marburg/Lahn 36
Karl Gruber, Die Gestalt der deutschen Stadt, Verlag Georg D. W. Callwey, München 24
Gebrüder Paul und Kurt Gysi, Erlenbach 72 73
Werner de Haas, Fredi Knorr, Was lebt im Meer?, Kosmos Verlag, Stuttgart 131
Ingeborg Hägg-Jacobsson, Kode 39 66 67
Fred Hentschel, Luzern 31
Hobby – das Magazin der Technik, Ehapa-Verlag GmbH, Stuttgart 52
Illustrations- und Photopress, Zürich 23
Imprécis d'Erotisme, Jean-Jacques Pauvert, Paris 112
Fritz Kahn, Der Mensch, Albert Müller Verlag, Rüschlikon 58
Fritz Kahn, Knaurs Buch vom menschlichen Körper, Droemersche Verlagsanstalt Th. Knaur Nachf., München 69 107

H. B. D. Kettlewell 39
Bernhard W. Kieser, Meerbusch 49
Ruth Koser-Michaels, Anderson Märchen, Droemersche Verlagsanstalt Th. Knaur Nachf., München 142
Life, Time Inc., New York 20 24 29 116
Walter Linsenmaier, Ebikon/Luzern 37
Konrad Lorenz, Seewiesen 117
Mad, E. C. Publications Inc., New York 84 98 99
Magnum, Verlag M. DuMont Schauberg, Köln 16 20 44
Hans Marcus, Buch- und Kunstantiquariat, Düsseldorf 39
Kevin Mac Donnell, Eadweard Muybridge, George Weidenfeld & Nicolson Ltd., London 64
Robert Michel 54
Migros Genossenschaftsbund, Zürich 132
Heinz Moos Verlag GmbH & Co. KG, Gräfelfing 34 35 76 95 101 103
Newsweek, New York 86
Penfield and Rasmussen, The Cerebral Codex of Man, Macmillan Publishing Co. Inc., New York 109
Peynet, Paris 42
Quick, Heinrich Bauer Verlag, München 41 117
H. Georg Rauch, Hamburg 81
Jasia Reichardt, Cybernetic Serendipity, Frederick A. Praeger Publishers Inc., New York 18 19 54 72
Rundschau, Ciba-Geigy AG, Basel 100
Rütten & Loening Verlag, München 152 155
Robert Schenk und Georg Schmidt, Kunst und Naturform, Basilius-Presse AG, Basel 21
Herbert Schober, Das Sehen, VEB Fachbuchverlag, Leipzig 83 86 101
Schweizerische Allgemeine Volks-Zeitung, Ringier & Co. AG, Zofingen 117
Schweizerisches Sozialarchiv, Zürich 138 139 140
Schweizerische Verkehrszentrale/ Ph. Giegel, Zürich 64
Spadem, Paris & Cosmopress, Genf 21 32
Sport, Jean Frey AG, Zürich 97
Staatliche Hochschule für bildende Künste, Hamburg 14
Kurt Stampfli, Bern 102
Otto Steinert, Essen 28
The Tate Gallery, London 26
Richard Taylor 42 118
Thames & Hudson Ltd., London 16 27
André Thomkins, Essen 75
J. v. Uexküll, G. K. Kriszat, Streifzüge durch die Umwelt von Tieren und Menschen, Julius Springer, Berlin 15
Unesco Kurier, Unesco, Paris 24 45 57 85 97
A. Paul Weber 126
John Rowan Wilson, The Mind, Time Inc., New York 115
Die Zeit, Zeit-Verlag GmbH AG, Hamburg 121

Alle hier nicht aufgeführten Abbildungen stammen aus den Ateliers E. und R. Lanners, Zürich, und C. J. Bucher, Luzern

EDI LANNERS

Illusionen

Literaturnachweis

Die Lilliputaner mit der reinsten Haut der Welt, aus: Jonathan Swift, Lemuel Gullivers Reisen, Steinberg Verlag, Zürich 1945.

Das Märchen vom Schlauraffenland, Das Dietmarsische Lügenmärchen, aus: Kinder- und Hausmärchen, gesammelt durch die Brüder Grimm, N. G. Elwert'sche Verlagsbuchhandlung, Marburg/L. [4]1935.

Das Glasauge der Miss Wagner, aus: Mark Twain, Gesammelte Werke in fünf Bänden, Bd. II, Carl Hanser Verlag, München 1965.

Der Mann mit dem Hut in der Hand, aus: Carlo Manzoni, Die Lügengeschichten des Carlo Manzoni, Deutscher Taschenbuchverlag, München [4]1973, dtv 646.

Der apokryphe Dialog «Xymmachos» – Nach Plato, aus: Robert Neumann, Mit fremden Federn, Der Parodien erster Band, Ullstein-Verlag Frankfurt/M, Berlin 1969, UTB 294.

Wie Pantagruel und Panurg dem Triboullet Ehrentitel geben, aus: François Rabelais, Gargantua und Pantagruel, erster Band, Carl Hanser Verlag, München 1964.

Lokaler Rauch und Asche, aus: Mark Twain, Ein Yankee aus Connecticut an König Artus' Hof, Gesammelte Werke in fünf Bänden, Bd. IV, Carl Hanser Verlag, München 1965.

Der Kreis, aus: Platon, Der Siebente Brief, Rowohlt Taschenbuchverlag, Hamburg 1971, RK 1/1a.

Der Lügenbaron (Der Löwe und der Krokodil), aus: Gottfried August Bürger, Münchhausens Abenteuer, Wilhelm Goldmann Verlag München, Goldmanns Gelbe, Band 2898.

Neunte Geschichte des siebenten Tages des Dekamerons, aus: Giovanni di Boccaccio, Das Dekameron, Inselverlag, Frankfurt/M 1972, it 8.

Bibliographie

F. Arnau, Kunst der Fälscher, Fälscher der Kunst, Düsseldorf [2]1969

Carraher/Thurston, Optical Illusions and the Visual Arts, New York 1966

U. Ebbecke, Wirklichkeit und Täuschung, Göttingen 1956

M. C. Escher, Graphik und Zeichnungen, München [4]1962

K. Gentil, Optische Täuschungen, Köln 1962

E. H. Gombrich, Kunst und Illusion, Köln 1967

R. L. Gregory, Auge und Gehirn, Frankfurt/M 1972

F. Kahn, Das Leben des Menschen, Stuttgart 1931

W. Metzger, Gesetze des Sehens, Frankfurt/M 1953

J. Reichardt, Cybernetic Serendipity, New York 1969

H. Schober, Sehen, Frankfurt/M 1973

E. Strauss, Vom Sinn der Sinne, Berlin u. a. 1956

S. Tolansky, Optical Illusions, Oxford 1964

W. Trendelenburg, Der Gesichtssinn, Berlin u. a. 1961

W. Wickler, Mimikry, Frankfurt/M 1973

Wieviel ist Ihr Pfennig vom Einbandrücken in 100 Jahren wert?

Ersehen Sie die Entwicklung Ihrer Bankanlage aus der Zinsformel

$$K^n = K_0 \cdot (1 + \frac{p}{100})^n$$

K_0 = Anfangskapital (1 Pfennig)

n = Anzahl Jahre (100)

$p\%$ = Zinssatz $(\frac{5}{100})$

K^n = Endkapital

$$K_n = 1 \cdot (1 + \frac{5}{100})^{100} \text{ Pf.}$$

$$= 1{,}05^{100} \text{ Pf.}$$

$$= 131{,}5 \text{ Pf.}$$

$$K_n = 1{,}32 \text{ DM}$$

Man bedenke nur, was man im Jahre 2073 alles für DM 1,32 kaufen kann!

Noch vor einigen Jahrzehnten glaubten wir, die Wissenschaft sei imstande, das «Wie» der Dinge zu erklären. Heute stehen wir vor der Frage, ob wir überhaupt mit der Wirklichkeit in Kontakt sind und ob wir dies je sein können. Philosophen wie Geisteswissenschaftler sind zur Überzeugung gelangt, daß die Objekte unserer Welt für uns bloß die Summe ihrer Eigenschaften darstellen und daß diese Eigenschaften nur in unserem Bewußtsein existieren. Was wir wahrnehmen, ist das Resultat eines Denkprozesses, eine Art natürliche Magie, die in uns die Empfindung des gesehenen Objektes hervorzaubert und uns gleichzeitig den Glauben an dessen Realität suggeriert. In der Selbstverständlichkeit, mit der wir annehmen, die reale Welt «da draußen» stimme überein mit dem, was wir optisch «wahr»-nehmen, liegt wohl die größte Täuschung. Das Bild, das wir uns von unserer Umwelt machen, ist ein subjektives, ein rein menschliches und damit ein einseitiges. Das Bild, das eine Biene, ein Hund oder ein Vogel von der Welt hat, ist völlig anders. Jedes Lebewesen ist mit anderen Organen ausgestattet, empfängt völlig andere Eindrücke als wir, und diese Bilder werden in den verschieden beschaffenen Hirnen, die von der Natur mitgegeben wurden, in völlig anderer Weise zusammengefaßt.

Jeder fühlt, hört, sieht eigentlich erst im Hirn und jeder auf seine
ihm gemäße und rätselvolle Art. Merkwürdig bleibt, wie
wenig wir Menschen darüber nachdenken, daß
der Apparat, mit dem wir denken und
empfinden, mit dem wir unser
Leben aufbauen, unsere Welt-
auffassung schaffen, das Instrument,
mit dem wir alle unsere Entschlüsse
fassen, daß dieser Denkapparat nicht nur
ein ungelöstes Rätsel ist, sondern oft genug
Irrtümern erliegt, Vorurteilen folgt, für
Illusionen anfällig ist. Ist Illusion nur
eine oberflächliche Vorstellung der
Welt, eine bloße Einbildung im
praktischen Leben oder
eine erheiternde Selbst-
täuschung anstelle eines
nüchternen Tatsachenblicks?
Betrachten wir kritisch den «Me-
chanismus» der Täuschung, so
wird uns die gewonnene Erkenntnis unserer Schwächen
nicht «enttäuschen», son-
dern eher faszinie-
ren, vor allem dort,
wo wir feststellen
müssen, daß wir uns
trotz unseres Wissens um
die Illusion ihr nicht entziehen
können. Auch muß Illusion nicht nur als
Verfälschung oder Betrug gewertet werden, sie
ist gleichzeitig das Prinzip alles Schöpferischen, der Be-
weggrund, die Welt so zu verändern, wie wir sie erträumen. Darum kann
ein Querschnitt durch Täuschungen und Irrtümer nicht nur unterhaltsam sein,
sondern auch Anregung zu eigener Betrachtung und fruchtbarer Meditation geben.

Was wir brauchen, sind ein paar «verrückte»
Leute;
seht euch an, wohin uns die vernünftigen gebracht haben.

G. B. SHAW

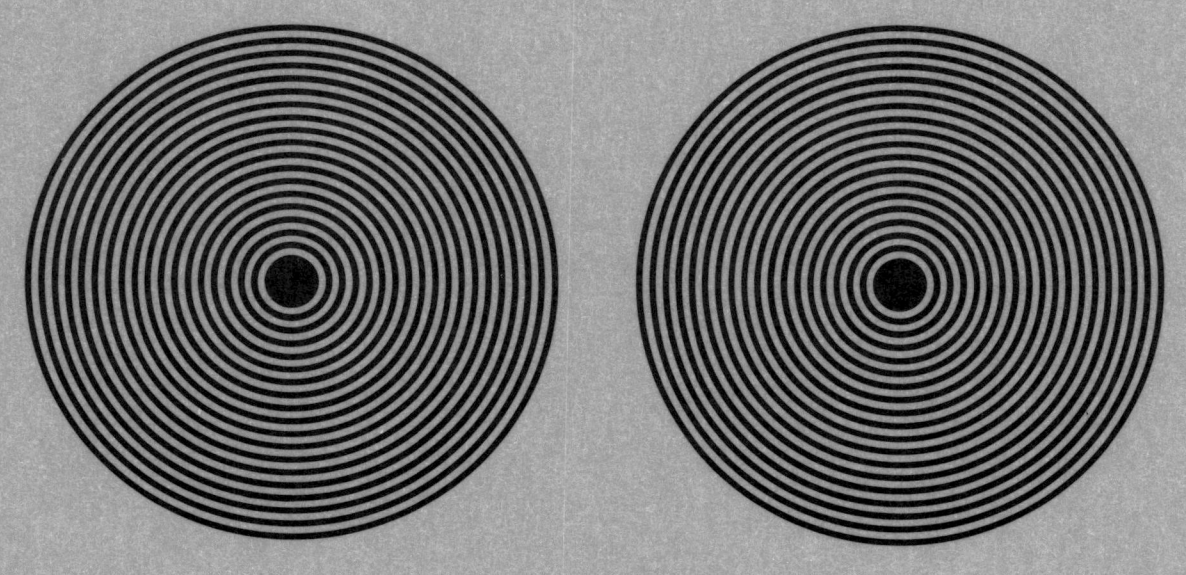

Die beiden konzentrischen Kreisgruppen sind zu trennen. Legen wir die zwei gleichen Figuren nebeneinander und bewegen eine der beiden kreisartig, wobei wir sie mit den Augen fixieren, so sehen wir die unscharfen Segmente rotieren. Gleichzeitig aber beginnt auch, aus dem Augenwinkel bemerkbar, die unbewegte Figur synchron mitzudrehen. (Vgl. auch Seite 60.)

Die drei Felder ausschneiden. Je nachdem, wie man sie zusammensetzt, verschwindet. einer der Köpfe.

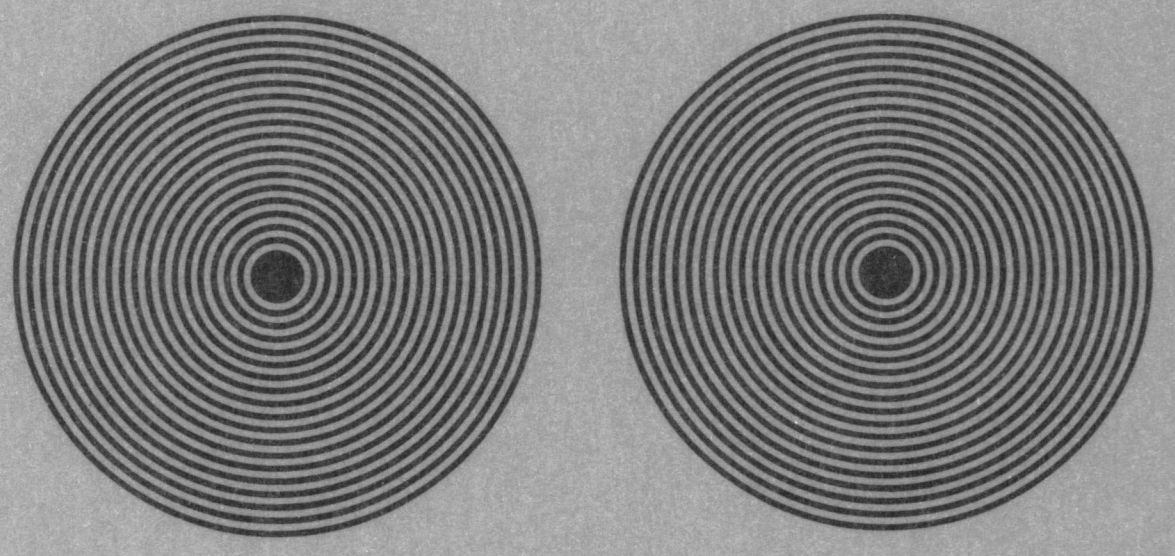

Die beiden konzentrischen Kreisgruppen sind zu trennen. Legen wir die zwei gleichen Figuren nebeneinander und bewegen eine der beiden kreisartig, wobei wir sie mit den Augen fixieren, so sehen wir die unscharfen Segmente rotieren. Gleichzeitig aber beginnt auch, aus dem Augenwinkel bemerkbar, die unbewegte Figur synchron mitzudrehen. (Vgl. auch Seite 60.)

Die drei Felder ausschneiden. Je nachdem, wie man sie zusammensetzt, verschwindet einer der Köpfe.

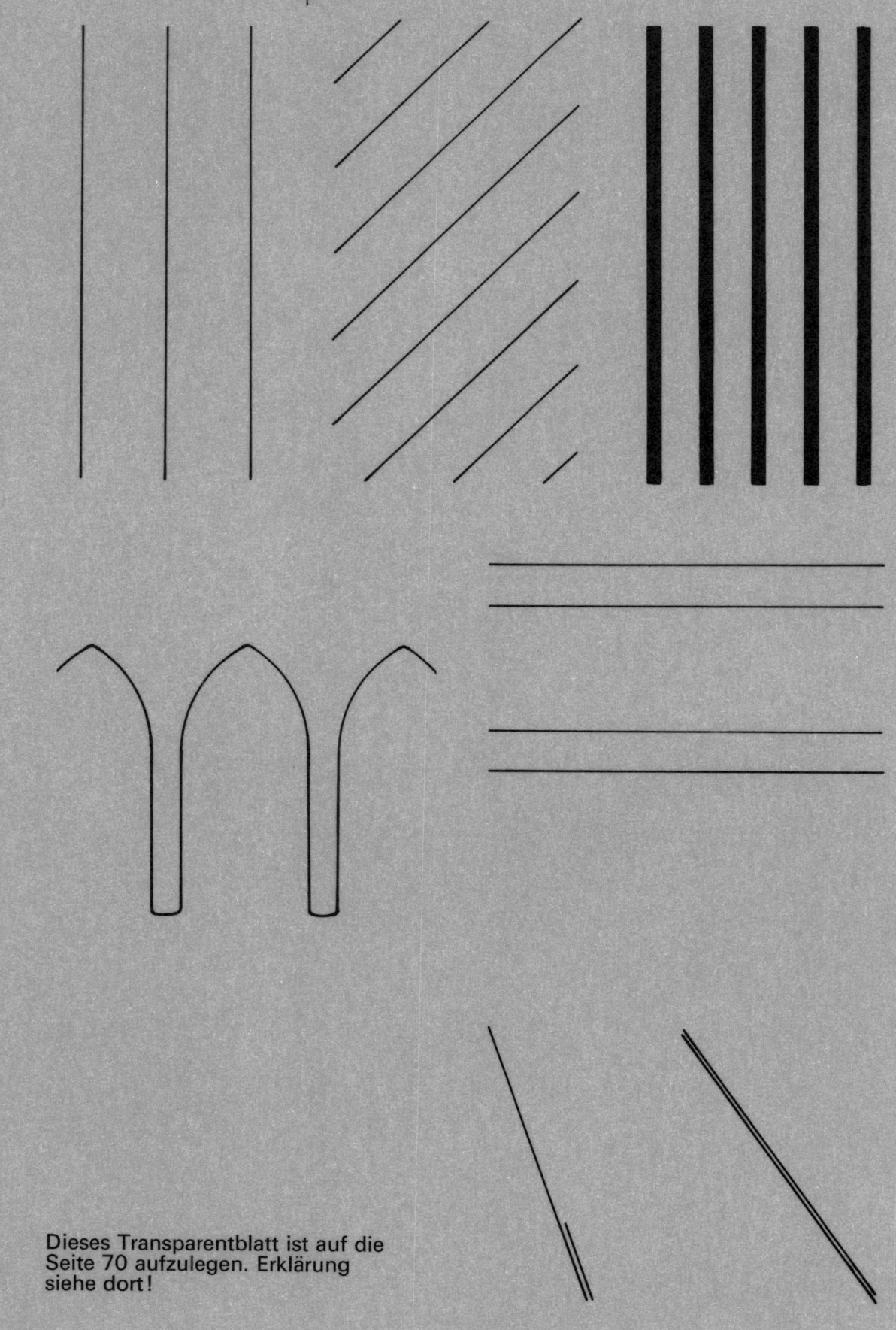

Dieses Transparentblatt ist auf die
Seite 70 aufzulegen. Erklärung
siehe dort!

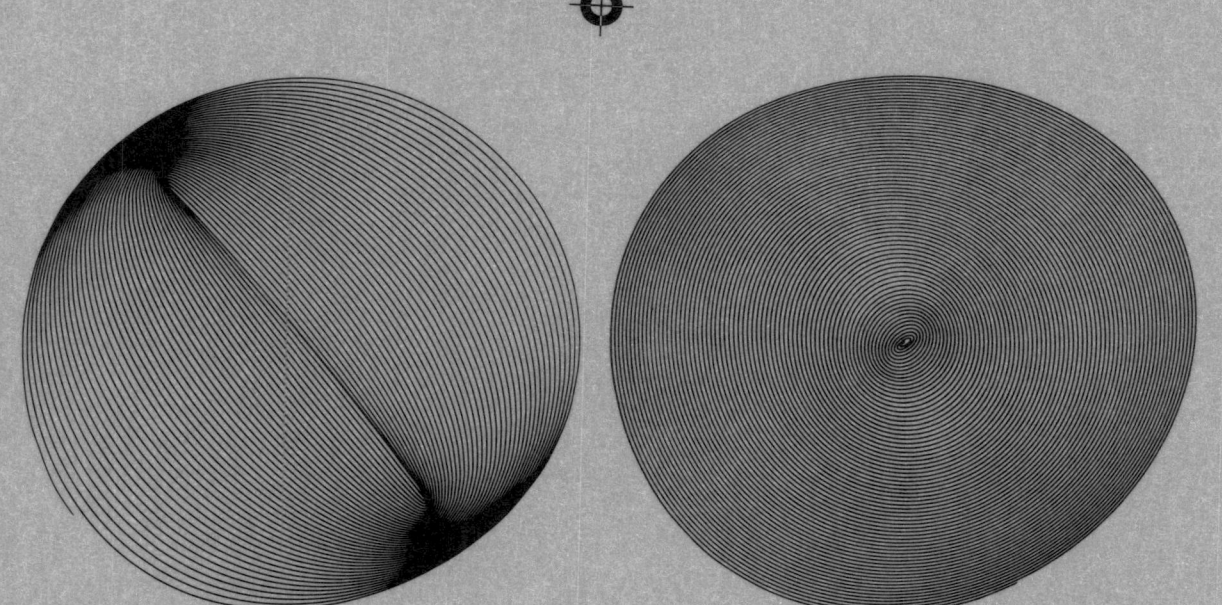

Dieses Transparentblatt gehört auf die Seite 73.

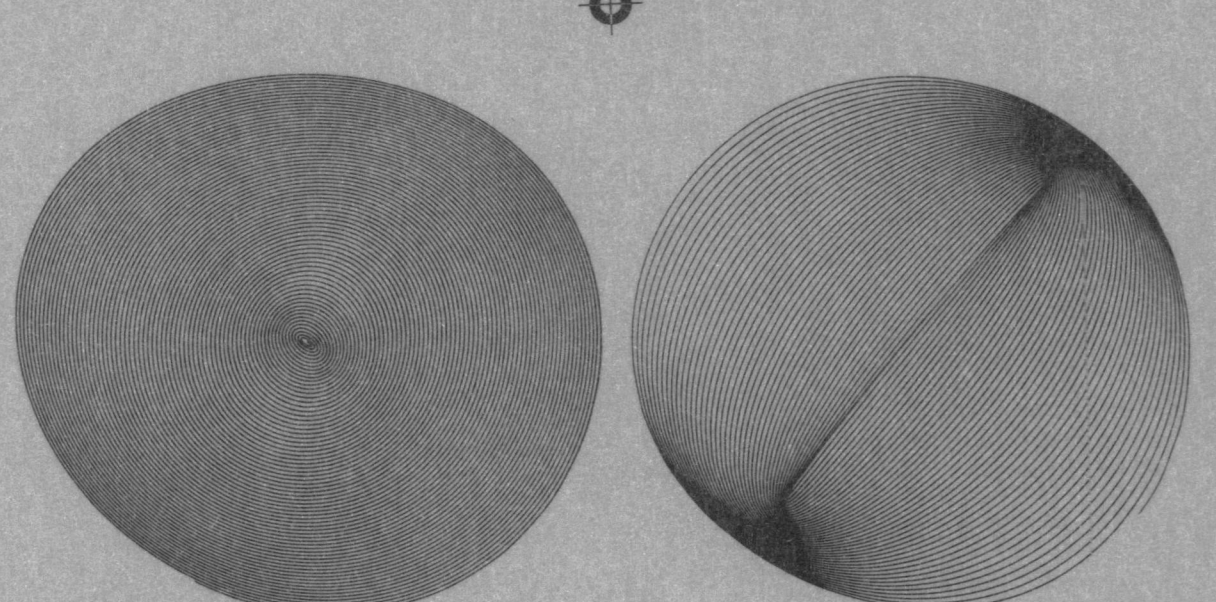

Dieses Transparentblatt gehört auf die Seite 73.

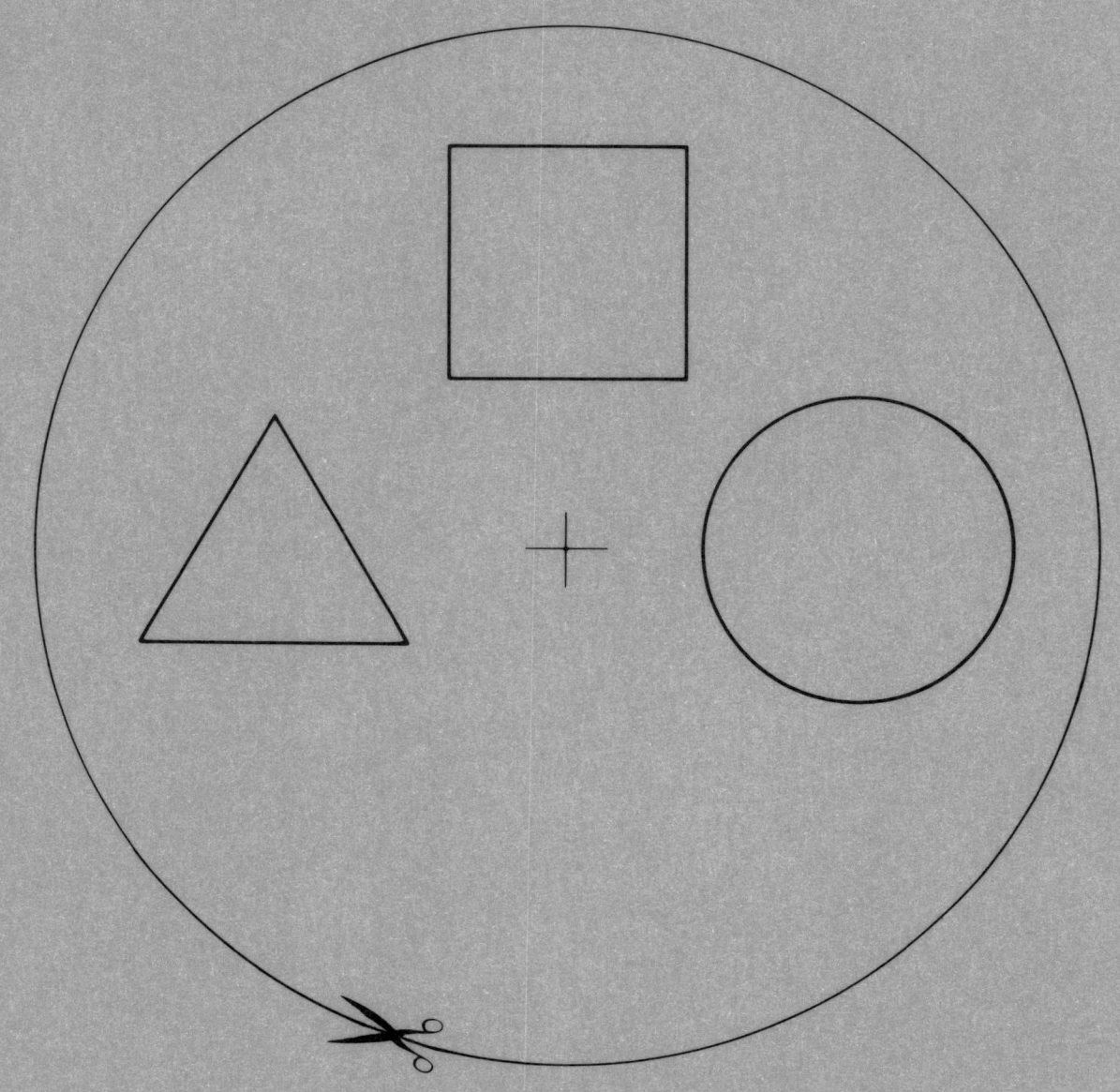

Den Kreis mit den drei Figuren: Quadrat, gleichseitiges Dreieck, Kreis, ausschneiden und den Mittelpunkt auf die Kreuzmarkierung der Anhangseite A1 legen. Mit einer Stecknadel beide Teile fixieren und den Kreis drehen. Die drei Figuren wandern über den Perspektivraster, die konzentrischen Kreise und die Quadrate und werden durch den Hintergrund in ihren geometrischen Eigenschaften scheinbar gestört. (Vgl. auch Seite 71.)

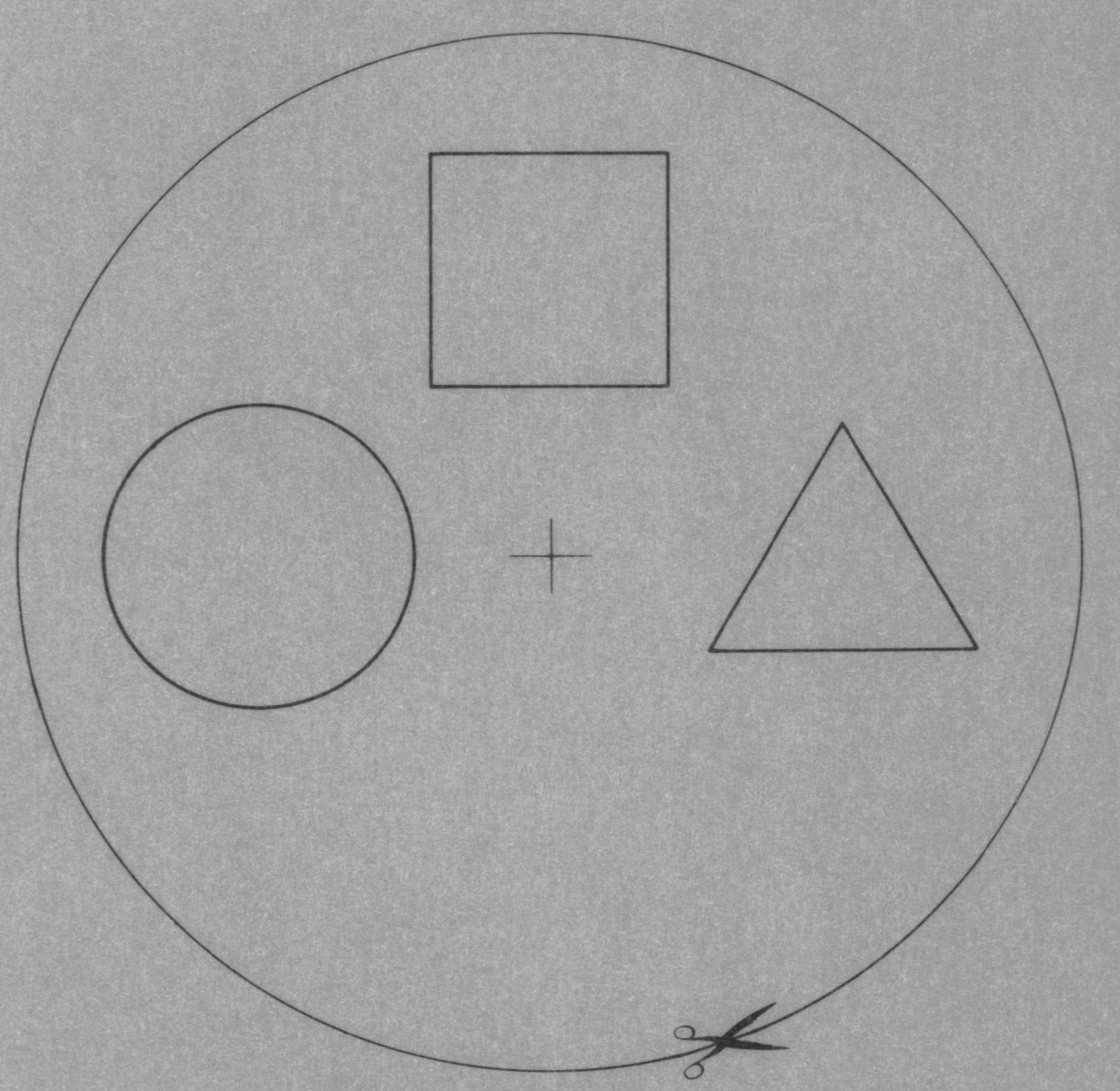

Den Kreis mit den drei Figuren: Quadrat, gleichseitiges Dreieck, Kreis, ausschneiden und den Mittelpunkt auf die Kreuzmarkierung der Anhangseite A1 legen. Mit einer Stecknadel beide Teile fixieren und den Kreis drehen. Die drei Figuren wandern über den Perspektivraster, die konzentrischen Kreise und die Quadrate und werden durch den Hintergrund in ihren geometrischen Eigenschaften scheinbar gestört. (Vgl. auch Seite 71.)

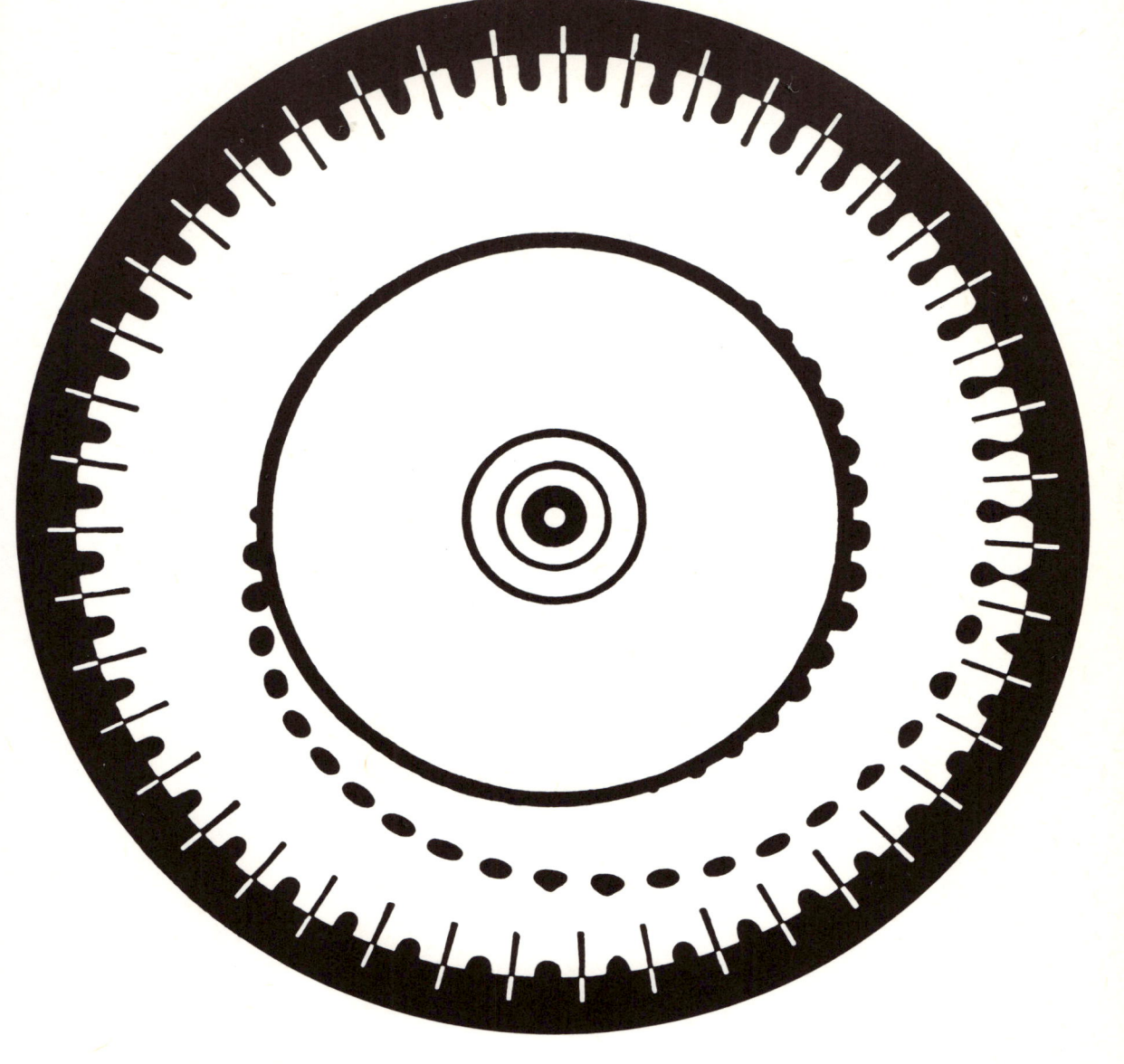

Der fallende Tropfen

Die Scheibe wird auf einen kreisrunden Karton gespannt, der im Durchmesser ca. 4 cm größer als die Zeichnung ist. Die schwarzweißen Schlitze und der weiße Mittelpunkt werden exakt ausgeschnitten. Auf der Rückseite der Scheibe wird eine Zwirnspule festgeleimt, so daß ihre Achse genau auf das Loch in der Kartonscheibe paßt. Durch beide wird ein Stäbchen gesteckt und zur Arretierung der Scheibe mit einem Knopf versehen. Um die Spule wickelt man einen dünnen Bindfaden, stellt sich vor einen Spiegel und setzt durch Anziehen des Fadens die Scheibe in rasche Bewegung, wobei man durch die Schlitze hindurch das Spiegelbild beobachtet. Ähnlich einer Filmsequenz wird ein naturgetreuer Tropfenfall dargestellt. Ist das Bild nicht deutlich sichtbar, sollten die Schlitze etwas breiter ausgestemmt werden.

Zu A1 unten:

Die drei Bilder ausschneiden (die beiden Reiter dürfen nicht voneinander getrennt werden). Es ist unmöglich, die vier Figuren so zusammenzusetzen, daß die beiden Reiter korrekt auf ihren galoppierenden Pferden sitzen.

Farbenkreise

Lassen wir diese gemusterten Kreise als feste Scheiben (Karton 3–5 mm stark, Durchmesser ca. 30 cm) bei steigender Geschwindigkeit (am besten Motor mit Geschwindigkeitsregler) und bei starker Beleuchtung

rotieren, so formieren sich die Grautöne langsam zu Farbflächen mit erstaunlicher Leuchtkraft. Der Versuch gelingt selbst bei monochromatischem Licht. Es handelt sich nicht um eine Zerlegung des «vielfarbigen» Lichtes in sein Spektrum, sondern um eine Augen-Hirnreaktion.

A 3

Die Tücken der Spirale

Dreht die Spirale um den weißen Mittelpunkt, so scheint sie sich je nach Drehrichtung zusammenzuziehen oder auszudehnen. Bieten wir diese Drehung bei mittlerer Geschwindigkeit unseren Augen etwa 10 bis 20 Sekunden an und fixieren anschließend *einen* Gegenstand, so scheint sich dieser in umgekehrter Richtung zur Drehbewegung der Spirale aufzublähen oder einzuschrumpfen.

Diese Illusion kann nicht durch die Bewegung der Augen hervorgerufen sein, da sich die Größenveränderungen der betrachteten Vase oder der Lampe oder des Aschenbechers völlig widersinnig nach allen Raumrichtungen vollziehen, ohne daß wir unsere eigene Position dabei verändern.

Das Auge scheint sich gegen die längere Zeit anhaltende Strudelbewegung der Spirale zu wehren und schaltet gewissermaßen den «Rückwärtsgang» ein.

Bei einem plötzlichen Ausblenden der rotierenden Spirale reagiert unser Hirn nicht augenblicklich, sondern bleibt noch einige Sekunden weiter in Oppositionshaltung.